U0130622

默雷居士編

壽康食譜 初集

佛學書局印行

壽康素食譜序

天地之大德曰生。人類之大惡曰殺。佛氏之大功曰止殺。持齋素食者。止殺唯一之法門也。自邃古以來。人類習於茹毛飲血之風。視肉食爲當然之事。是故宗廟祭祀必以之。歲時候節必以之。賓朋宴會必以之。婚葬壽慶必以之。乃至殷實之家。非此而不歡。饕餮之子。無餐而不具。國危家亡。則曰祖宗不血食。良時吉日。則謀烹調以相娛。於是以弋以獵。以綱以釣。水陸窮於搜羅。膏之割之。烹之熬之。口腹竭於甘旨。釜甑庖廚之中。刀俎之上。視宛轉而號楚者。曾若無覩也。嗟乎世間之至不仁者。非人類歟。夫人與物同生於天地之間。同具好生惡死之性。今乃獨戕其命。以饜一己之口腹。反囂囂然自以爲至得。豈知上干天和。下積怨毒冤抑之氣。鬱結而莫伸。報復之事。乘時而爆發。少則數十年。多則數百年。流而爲天災。激而爲人禍。演而爲浩劫。世界騷然。萬民塗炭。向之率割烹熬以啖以娛者。結果無不一一而自食其報。吾人鑒於亙古以來水旱兵

戈世世不絕之慘禍其爲事豈不然哉於是大覺慈尊憫物類之慘死於刀俎

庖廚也與人類之苦厄於水旱兵戈也乃大聲疾呼以素食戒殺相號召以

全物命而消劫運其憫世之深與用心之苦實未有逾於此者吾嘗謂自素食

之說倡眞萬古最大功德事也然世之君子雖覺其說甚善然終不免狃於積

習貪戀肥甘致使素食之說未能盡量推行於世我佛慈心末由完全實現於

是又有科學大家吳蘊初居士本我佛之慈懷具戒殺之婆心製造味精醬油

精等取材麵麩其質素其味芳使人於烹飪之時但和入少許美味勝於肥甘

並設廠製造推銷世界其聲譽久已卓著於是吾人乃歡然而鼓舞曰將來使

素食之風完全而普及於世者其以此乎其以此乎是又可謂世界最大功德

事也佛慈一大功臣也然又恐世人昧於素食之利益或未諳烹調之方法致

爲提倡素食之阻也復挽編者編輯壽康素食譜一書分贈各界以爲素食者

烹飪之嚮導其委曲周詳樂善不倦之深心實吾人所無限欽佩者也書成謹

命筆而爲之序。　　民國二十一年九月默雷居士序於上海佛學書局

壽康食譜目錄

一

5

二

心一堂 飲食文化經典文庫

壽康食譜 初集

甲編 點心類

第一種 炒麵

預備材料：

麵一斤。菜油或豆油三兩。香菌二兩。白菜數兩。菠菜二三兩。扁尖數條。笋四兩。(切絲) 食鹽。醬油。味精。

製法：

把麵放入沸水中煮透至熟為止不可過爛撈起用冷水澆之攤開令其乾爽然後將鐵鍋燒熱拌油倒下俟油已沸將麵倒入鍋中用鍋鏟亂炒炒至麵現黃色便把笋絲、白菜、菠菜、香菌、扁尖、食鹽、醬油等放下、再炒數遍并和少許香菌扁尖水、味精須與便熱。

第二種 燒賣

預備材料：

洋麵粉二斤。金針菜。京冬菜。木耳。香菌。素油(菜油豆油均可)各半兩。豆腐四五塊。味精少許。

製法：

將金針菜、京冬菜、木耳、香菌、豆腐等切成細末。置鉢中調和。加以食鹽、油、味精、等、再爲拌勻。一面將麵粉和以冷水調和。搓成長條。以刀切成寸長之塊。用手拍扁。中厚外薄成爲粉坯。然後將拌勻之菜屑包入。四面皺緊爲燒賣形。

入碗中蒸之待熟食之清香適口。

第三種　豆腐漿

豆腐漿是現在市面上最普通的食品了他的食法分甜吃鹹吃二種甜吃極簡便祇消每天早晨向豆腐店內買豆漿一碗加以白糖味精便好吃了這是第一種吃法。

至於鹹吃可將買來的豆漿略爲燒熱加些醬油、麻油味精及預先燒熱的素油（以下凡豆油、菜油等總稱素油）少許清香可口。

但是我還曉得一種吃法就是買豆腐漿一碗加入未攙水的甜酒釀味亦好吃如不甜可再入白糖少許這種吃法應說很補這是豆腐漿的第三種吃法。

第四種　豆腐花

預備材料：

豆腐花一大碗。　素油。　麻油。　味精。　醬油。　各少許。

製法：　先將素油在鍋中燒熱後將豆腐花倒入鍋中同時把醬油放入俟其沸後將鍋鏟輕輕翻勁再沸一二透後洒以味精少許便好籤起吃飯時以此代湯味極佳。

第五種　八寶飯

預備材料：

白糯米一升。　白糖半斤。　蜜棗。　桂圓。　蓮子各二三兩。　菜油半斤。　蜜葡萄二十粒。　茨實二十粒。

二

製法：

　　將糯米淘淨入傾簍熟再傾入
瓦缽中以白糖荣油熬熟同糯米飯拌之極勻再
將去核的桂圓蜜棗及蓮子（去心）芡實蜜葡萄
等鋪於碗底盛糯米飯于其上上覆洋盆再蒸一
次取出翻轉於是桂圓蜜棗都蓋在飯上了略爲
拌勻喜甜食者以充點心最佳。

乙編　冷盆類

第一種　醃豆腐

預備材料：

豆腐二塊。

二調羹。醬油二兩。

麻油　香椿頭　芝麻醬　各少
許。

製法：

將豆腐用冷水漂淨切成小塊。

再將香椿頭切之極細一起倒入碗內加入醬油
芝蔴醬然後滿蔴油洒味精少許其味無窮。

第二種　拌黃瓜片

預備材料：

黃瓜一斤。　荣油二兩。　白糖。

麻油　各少許。

製法：

　　將黃瓜剖開。挖去其子切爲薄
片置缽中以食鹽搽之然後用水漂清加以白糖
將荣油燒熟乘熱倒入缽內以筷拌勻然後再調以
味精清脆可口。

第三種　拌茄子

預備材料：

茄子一斤。　荣油一兩（先燒沸）

甜醬三匙。　麻油半匙。　醬油
二兩。

製法：
將茄子洗淨不必除去茄柄入
鍋中煮熟將茄子取出撕成細條盛於盆碟中食
時酹以甜醬或醬麻油和味精（醬油麻油及燒
熟之菜油調和一起）味極鮮美。

第四種　拌絲瓜

預備材料：
絲瓜二斤。　菜油二兩。　食鹽
麻油。　白糖　陳醋　薑屑　各
少許。

製法：
將絲瓜刨皮洗淨俺以食鹽於
日中攤開晒之及其乾後以刀切成小塊如骰子
形。再和以菜油白糖等入鍋蒸之及其熟整入盆碟。
拌以陳醋蘇油薑屑等即成。

第五種　豆腐鬆

預備材料：
豆腐三四塊。　菜油二兩。　醬瓜、醬薑各二
塊。　菜油二兩。　麻油、白糖
各少許。　乳腐湯汁一二三匙。　味
精。

製法：
將豆腐置鍋中。多加清水煮至
三數小時後。把他取出一塊一塊的用絹榨去其
汁拌將所煮之水傾去然後將油倒鐵鍋中燒沸
放下豆腐炒之炒至相當時候。再放下醬瓜醬薑
等再炒一會又將白糖乳腐汁、味精等加入炒勻。

鏟起盛盆碟中和以麻油其味和眞的肉鬆無二。

第六種　蘿蔔鬆

預備材料：
蘿蔔二斤。　菜油三兩。　鹽一兩。
白糖各少許。

製法：
將蘿蔔刨成細絲拌以食鹽搾去揀水再將菜油倒入鍋中燒沸然後把蘿蔔絲倒入鍋中炒之不一會撒以食鹽再炒數過後以麻糖白糖和入不久使炒好了味甚適口。

第七種　醃蠶豆

預備材料：
新出蠶豆一斤。　醬油三四兩。
味精。　醬油精。　麻油。　各少許。

製法：
將蠶豆剝殼去皮置飯鍋上蒸熟。取出攤冷。再將醬油麻油味精醬油精等拌之即成。

第八種　醃芹菜

預備材料：
水芹兩把。　醬油二兩。　白糖。
麻油。　味精。　各少許。

製法：
將水芹去葉洗淨入鍋煮熟撈起切斷之盛入盆碟中以醬油麻油味精白糖等拌之便可。

第九種　醃粉皮

預備材料：
粉皮一斤。　黃瓜一條。　食鹽。

醬油。麻油。味精。各少許。

製法：將黃瓜挖去其子切絲用鹽擦去瓜汁然後將粉皮切絲在熱水內漂過又將粉皮絲黃瓜絲一起盛於盆碟中再以味精醬油麻油等拌之鮮美適口。

第十種　醃油菜梗

預備材料：

油菜梗半斤。食鹽。醬油。麻油。味精。各若干。

製法：將油菜梗削去皮筋以食鹽擦之然後盛以盆碟用醬油麻油味精等拌之其味頗佳。

第十一種　醃乳腐

製法：將豆腐切方小塊置暖處霉透然後用小甏將豆腐鋪在內面每鋪一層散一把鹽及其裝好再倒入香蕈湯陳黃酒花椒橘皮等過二十六天後便可以取出來吃了但是這種食品衹宜在冬日製造其他各季製出來的都不好吃這是要注意的。

預備材料：

嫩豆腐十塊。鹽半斤。香蕈湯一碗。陳黃酒。花椒。橘皮等各若干。

第十二種　醃白菜（即黃芽菜）

預備材料：

白菜一斤。食鹽。白糖。各一

六

兩。 醋一匙。

製法：　將白菜洗淨切碎用鹽拌之。約

半小時再將陳醋白糖加入拌之，酸美可口，別有

風味。

丙編　熱炒類

第一種　炒芹菜

預備材料：

水芹兩把。 豆腐乾六塊。 素油。

二兩。 鹽。 醬油。 白糖。 麻油。

味精等。 各少許。

製法：　將水芹去葉洗淨以刀切斷倒

油入鍋燒沸後，再將水芹放下以鏟炒之，及至半

熟加入豆腐乾、食鹽、醬油等，再炒一過，又加些白

糖、味精、麻油等，便可把碗盛起味甚清香。

第二種　炒茄子

預備材料：

茄子一斤。 素油。 醬油　各二

兩。 食鹽。 陳黃酒。 白糖。 麻

油。 甜密醬。 味精。 各少許。

製法：　將茄子去柄洗淨切成二分

厚之塊，入熱油鍋中炒之，至半熟時，下以食鹽、醬

油、甜蜜醬、陳酒等炒至將熟，略加白糖，起鍋後再

加麻油、味精少許，用加餐飯，其味顏美。

第三種　炒菠菜

預備材料：

菠菜一斤。 素油一兩。 醬油。

陳黃酒。各數匙。

製法：將波菜洗淨倒入熱油鍋中炒之至半熟。下以陳黃酒。將波菜熟時加入味精醬油再炒一過便可起鍋。

第四種　炒莧菜

預備材料：
莧菜一斤。　素油。　醬油。　各一兩。　陳黃酒。　白糖。　味精。　各少許。

製法：將莧菜洗淨瀝乾絲中瀝水罷罷。然後將油燒沸。把莧菜倒入鍋中炒之至半熟。下陳黃酒再炒一會下以醬油與味精少許少時便熱。

第五種　炒素三鮮

預備材料：
油豆腐三兩。　素油一兩。　醬油二匙。　香菌　木耳　筍乾等各半兩。　食鹽　白糖　麻油味精。　各少許。

製法：將筍乾於一二日前以溫水浸漲。至用時以刀切成細絲再將油豆腐每一個切做四塊香菌木耳亦須於臨用前數小時以溫水發漲然後將油倒入鍋中燒之過片時加入食鹽筍乾、香菌木耳等倒入鍋中炒之醬油及滿水閉蓋煑之十餘分鐘後入糖少許起鍋後再加麻油味精少許即成味勝葷菜

第六種　炒白菜

預備材料：

白菜半斤。　素油一兩。　醬油。
白糖　各少許。

製法：

將白菜切成細條倒入熱油鍋中炒之稍過一會便加入醬油并倒些清水將熱時加糖再炒一會便好了。

第七種　炒絲瓜

預備材料：

絲瓜一斤半。　素油二兩。　毛豆子二匙。　食鹽。　味精。　醬油。各少許。

製法：

將絲瓜刨去背皮切爲斜塊然後將油燒沸以絲瓜入鍋炒之炒數過放入毛豆子將熟時和以食鹽醬油味精等各少許再煮一二透即可起鍋了甘脆有味。

第八種　炒冬瓜

預備材料：

冬瓜一斤。　素油一兩。　醬油。食鹽。　白糖。　麻油。　味精。　各少許。　木耳　香菌　各幾隻。

製法：

將冬瓜削皮去子切成長方形之塊將油入鍋燒沸倒冬瓜入鍋煎之至半熟將香菌木耳（預先數小時浸漲）放下一同炒之片時再下醬油清水起鍋後略加幾點麻油便覺鮮熱可口了。

第九種　炒芋芳（即毛芋）

九

預備材料：

芋艿一斤（宜擇小者）　素油二
兩。　醬油　食鹽　味精　各少
許。

製法：

將芋艿刨去皮毛入水洗淨倒
入鍋中加滿水煮之至熟便撈起似去所煮之水。
再傾油入鍋燒沸將已煮熟之芋艿放下略炒一
炒放下食鹽醬油味精等炒勻後再加清水悶着
蓋煮一二過即熱。

第十種　炒素肉絲

預備材料：

麵筋乾六兩。　嫩筍四兩。　菜油
醬油　各約一兩。　金針菜十餘

根。　乾豆腐二塊。　麻油　白糖
各少許。

製法：　先將金針菜入溫水浸透然後
將麵筋切切爲細絲長可寸許嫩筍及豆腐乾亦一
同切爲細絲於是倒油入鍋燒沸後將麵筋乾、筍
絲豆腐乾絲金針菜等一件入鍋炒之數分鐘後
加入醬油悶鍋蓋煮一會再加白糖又煮少些便
可起鍋了。

第十一種　炒素肉

預備材料：

麵筋一斤。　嫩筍四隻。　素油四
兩。　醬油牛杯。　金針一兩。　木
耳牛兩。　食鹽　麻油　各少許。

一〇

16

冰糖半兩。

製法：
先將金針菜木耳以水發漲再將麵筋切成肉片之狀嫩筍亦切成薄片於是將麵筋入油鍋煎透再加入金針菜木耳筍片及食鹽醬油等入鍋中閉蓋煮之煮數透後加以冰糖。起鍋再加麻油味極香美。

第十二種　炒素鷄

預備材料：
百葉十二張。　素油　醬油　各三兩。　冬菰　木耳　扁尖　各半兩。　食鹽　白糖　蒸粉　麻油　味精　各少許。

製法：
將百葉先用熱鹼水漂過然後每四張疊好緊扎之放鍋中燒熟然後鏟起以刀斷去其緣切成鷄片狀再將鐵鍋燒熱倒入素油及油已熟便將素鷄片倒入鍋中炒之閉鍋蓋燒之數過然後開鍋蓋加入白糖少許並將蒸粉調成薄醬倒入鍋內用鏟徐徐攪之及粉醬漸漸濃厚便可起鍋澆以麻油味精其味極甘美。

第十三種　炒素鴨

預備材料：
千層十六張。　素油三四兩。　醬油一兩。　赤沙糖一兩。　麻油半兩。　花椒少許。

製法：
先將千層在熱鹼水內漂過然後撈起攤乾再將赤沙糖醬油麻油花椒倒入碗內用溫水泡之攪成濃汁於是把濃汁在千層上

一一

一張一張的塗沫起來塗一張疊一張疊至二寸
厚許摺之成捲闊一寸再入油鍋中煎之煎至通
體黃透即鏟起切成鴨塊狀盛入盆碟加以麻油
便已好了若欲加以甜醬或醋並味精等都可以
隨各人的嗜好罷。

第十四種　炒素包圓

預備材料：

豆腐衣三張。　素油一兩。　醬油
一兩。　小白菜二三兩。　嫩筍一
隻。　香豆腐乾三塊。　白糖少許

製法：

先將香豆腐乾。小白菜嫩筍切
成細屑拌勻浸於醬油中然後將豆腐衣切成小
方塊將菜屑一個一個的用豆腐衣包好入油鍋

煎之將熱時下以醬油清水再燒一過和以白糖
少許便可起鍋了。

丁編　小湯類

第一種　菠菜豆腐湯

預備材料：

菠菜半斤。　豆腐二塊。　豆豉醬
一匙。　食鹽　麻油　蒸粉　味
精　白糖各少許　筍片五六片。

製法：

將菠菜洗淨又將豆腐切成薄
塊然後放入鍋內以清水煮之煮透後洒以食鹽
略為翻動閉鍋蓋再煮數過將起鍋時加入麻油
豆豉醬味精白糖蒸粉等各少許味極鮮美

第二種　菠菜湯

預備材料：

菠菜半斤。　嫩筍一條。　香菌五六隻。　食鹽　麻油各少許。　味精少許。

製法：　　菠菜須擇嫩者洗淨後同筍片、香菌同倒鍋內酒以食鹽以清水煮之。熟後盛入碗中加以味精麻油便覺芬香可口了。

第三種　冬筍湯

預備材料：

冬筍一隻。　雪裏紅三四兩。　食鹽　麻油　各少許。

製法：　　將冬筍去殼洗淨切爲薄片雪裏紅洗淨切爲細屑。一同入鍋清水煮之。煮熟後。盛入碗內酒以麻油清香適口。

第四種　香菌湯

預備材料：

香菌十二隻。　嫩筍一條。　白菓八九個。　陳黃酒　食鹽各少許。

製法：　　先將香菌清水浸透又將白菓入鍋以水煮熟剝去其殼筍切薄片一同盛入湯碗中加以香菌湯於燒飯時置飯鍋蒸之飯熟而湯亦成矣如再加些味精醬油精那就更香美了。

第五種　絲瓜湯

預備材料：

絲瓜半斤。　素油一兩。　新出毛

豆半杯。食鹽少許。　將絲瓜刨皮洗淨切成斜塊放

製法：

熱油鍋裏略炒一過。又將剝淨毛豆倒入。加以食

鹽清水煮之。及絲瓜毛豆俱已熟透便可起鍋炒

吃亦佳

第六種　毛豆子湯

預備材料：

毛豆子一小杯。　豆腐一塊。　筍

屑　扁尖屑　食鹽　蒸粉　麻

油等　各少許。

製法：

將豆腐以水漂清切爲小塊同

毛豆子、筍屑、扁尖屑入鍋中清水煮之。及沸後和

入食鹽再煮一下。加入蒸粉麻油便可起鍋味最

鮮潔。

第七種　榨菜湯

預備材料：

榨菜一兩。　冬筍二兩。　香菌六

隻　醬油二匙　味精　麻油

各少許。

製法：　先將香菌清水發漲。再將多筍

榨菜切爲細絲同入鍋內。即以浸香菌之水爲湯

煮之。和以醬油煮一二透。盛入碗中加以麻油及

味精鮮潔可口。

第八種　菀豆湯　又名小圓豆

預備材料

菀豆半斤。　素油二兩。　香菌六

隻。醬油二匙。味精 食鹽

各少許

製法：

先半日將菜豆溫水浸漲香菌預先以清水發透香菌切爲小塊然後將菜豆入鍋以清水煮二小時及豆爛熟方將素油香菌放下煮之和以醬油將起鍋時下以味精便覺芳香有味了。

第九種 蘿蔔湯

預備材料：

蘿蔔約半斤。冬筍一條。醬油二匙。麻油少許。香菌六隻。食鹽少許，

製法：

將蘿蔔刨皮洗淨切成稍厚之

塊入鍋以清水煮至半熟再將筍片及香菌放下。並下醬油及食鹽少許香菌湯亦可一併倒入起鍋時加以麻油便可吃了。

第十種 冰豆腐湯

預備材料：

冰豆腐三塊。冬筍一條。榨菜

食鹽 麻油 味精 各少許。

製法：

先用熱水將冰豆腐溶解切成薄塊與筍片榨菜絲一併倒入鍋內清水煮之並下食鹽二三透後加入麻油味精便可起鍋了。

第十一種 素湯三鮮

預備材料：

百葉四張。豆腐衣一張。素油
醬油各一兩。香菌十隻。冬
筍二兩。麻油少許。味精少許。
預先將香菌以水浸透又將百

製法：
葉以溫水漂淸。一一捲成長條再用豆腐衣自外
包之置蒸甑上蒸透取出切成寸斷入油鍋中炒
之。再鏟起盛入碗中香菌筍片等亦一併盛入碗
中。和以醬油香菌湯再放在蒸甑上蒸一次然後
取出和以麻油便好吃了。

第十二種　細粉湯

預備材料：
細粉半斤。香菌六隻。毛豆子
半杯。油麵筋八個。醬油　麻

油　食鹽各少許

製法：
將細粉在淸水中浸透又另用
碗盛淸水將香菌浸漲然後將細粉香菌油麵筋、
毛豆子等一齊倒在鍋內加以醬油香菌湯如水
太少再加淸水少許連煮幾透便可起鍋滴些麻
油就可以吃了。

第十三種　三絲湯

預備材料：
香菌十二隻。嫩筍一條。扁尖
（即白筍）五條。食鹽　麻油
味精　各少許

製法：
先將香菌洗淨用淸水入鍋煮
湯再撈起香菌同嫩筍扁尖等一併切絲然後一
同盛入碗內撒入食鹽將所煮之香菌湯亦盛入

碗內放在甑上蒸之數透然後取出滴入麻油鮮美無比。

第十四種　木耳湯

預備材料：

木耳四錢。　冬筍一隻。　醬油二匙。　麻油　味精　各少許，

製法：　先將木耳以水浸透洗淨又將筍切薄片然後將筍片放在碗內又將洗淨的木耳放在筍片上面加以醬油熱湯放在甑上蒸之。蒸透後取出和以少許麻油及味精。

戊編　大湯類

第一種　素三鮮

預備材料：

油麵筋二十四個。　冬筍二兩。香菌八隻。　素油二兩。　醬油及白糖各一兩。　麻油少許。　蒸粉少許。

製法：　將香菌以水浸透然後同冬筍一同切爲細絲。又將油麵筋切碎於是將香菌冬筍麵筋一同入倒熱油鍋中酌加清水煮一二透。放下醬油再煮兩透又和以白糖并蒸粉起鍋時滴麻油少許。

第二種　紅燒山藥

預備材料：

山藥一斤。　冬筍　菜油　醬油　各二兩許。　白糖半兩。　白礬末

23

少許。　味精少許

製法：　先一日將山藥刨皮洗淨以清水浸之入鑊末少許。至用時將山藥取出洗淨切為方塊。再將油入鍋燒沸倒入山藥入鍋炒之。又加相當清水閉鍋蓋煮之半熟。放下食鹽醬油將熟時。又將白糖和入。少時與和入味精少許。以鑊鏟勻即便起鍋味甚香美。

第三種　大燒茄子

預備材料：

茄子二斤。　油麵筋十五個。　素油四兩。　醬油一兩。　食鹽　薑絲　各少許。　白糖一兩。　味精錢許。

製法：　將茄子去柄洗淨切成厚塊。於熱油鍋內煎炒一次。然後撒入薑絲食鹽半碗清水煮之半熟。放下油麵筋再沸一度。陸續的再下醬油味精白糖等便可起鍋。

第四種　油麵筋湯

預備材料：

油麵筋十五個。　嫩筍一隻。　香菌八隻。　毛豆子半杯。　醬油一兩麻油味精各少許。

製法：　將香菌洗淨入鍋加清水煮湯。另用大碗將香菌、筍片、毛豆子盛入。再將油麵筋鋪於其上。以熱香菌湯澆之。加入醬油食時取出。

第五種　八寶素肉丸

預備材料：

豆腐四塊。 嫩笋一隻。 香菌八隻。 菜油 醬油各二兩。 扁尖六根。 蒸粉四食匙。 白糖 麻油 陳黃酒 各少許。 荸薺 松仁瓜薑各少許。

製法：

先將豆腐以清水漂過用絹榨去汁水然後將嫩笋香菌荸薺扁尖松仁瓜薑等。一起切成細末和以蒸粉做成肉丸狀。再將菜油倒入鍋中燒之極熱傾入素肉丸煎透然後以醬油陳黃酒洒之再煮二三透又和以白糖起鍋後。滴入麻油少許便好吃了。

第六種 神仙茄

預備材料：

茄子二斤。 豆腐二塊。 香菌六隻。 麻菇六隻。 扁尖六根。 麻菇湯一碗。 醬油四兩。 食鹽 味精 白糖 各少許。

製法：

先將香菌麻菇扁尖等切爲細屑又將豆腐弄碎與香菌等屑一同拌匀和入食鹽味精醬油各少許然後將茄子去柄洗淨挖空其子將各種香屑納入茄腹中及滿仍將茄柄蓋着其口以免香菌等屑溢出茄外。然後將麻菇湯倒入鍋內將茄子放入煮之煮數透後改用文火緩緩煮之加入醬油至熟時和入白糖味精不久便巳好了。

己編　鹽菜類

第一種　鹽金花菜（即草頭）

預備材料：

金花菜十五斤。　鹽三斤。　大小茴香各三兩。

製法：　將金花菜洗淨盛入缸中以鹽醃之四五日後撈起攤開晒至微乾再盛入另一壜中每盛一層即以茴香醃之如是一層一層。滿以稻草或麥稈塞其口將壜翻轉倒立於木盆之上經二十餘日便可取食。

第二種　鹽菜心

預備材料：

菜心十五斤。　鹽三斤。　甘草茴

香各二兩。

製法：　將白菜切根去葉留取菜心洗淨澄缸中以足踏緊用鹽醃勻再加上甘草茴香等重石壓之嚴封缸口一月後可食。

第三種　鹽茄子

預備材料：

茄子二斤。　食鹽半斤。　白糖四兩。　甘草茴香等香料少許。

製法：　將茄子洗淨切為薄片入鑊內以鹽醃之隔日取出與甘草茴香一同入鑊內燒之飫熟盛起攤冷再放入罈內嚴封其口隨時可以取食。

第四種　鹽黃瓜乾

預備材料：

黃瓜十五斤。　食鹽四斤。

製法：　　將黃瓜切開去子與否均可隨
意。入水洗淨於烈日下晒之微乾然後盛入缸中
以鹽醃之用重石緊壓三四日後取出晒乾裝入
缸中以紙類緊扎其口免其回潮隨時可以取食。

第五種　鹽麵筋

預備材料：

油麵筋四斤。　食鹽十二兩。　醬
油二斤半。

製法：　　先用籠一具底舖以稻草然後
將麵筋入鍋煮熟撈出攤蓋於稻草之上又用稻
草覆之澄於暖室介其撥酵並生微菌然後盛入
缸中以鹽醃之又以醬油浸之半月後便可取食。

以上五種食時調以味精更加鮮美。

庚編　燻菜類

第一類　燻茭白

預備材料：

茭白二斤。　醬油三兩，　白糖
麻油各少許。　木屑一斤。

製法：　　將茭白的殼洗淨以刀切爲兩
片。入鍋內清水煮熟然後撈起舖在燻架將所煮
之水傾去然後用木屑舖在鍋底盜燻架其上然
後以蓋蓋之使其烟不外散下用文火燒木屑使發
烟間以醬油麻油白糖等塗茭白上燻好取出切
而食之味甚香美。

第二種　燻油麵筋

預備材料：

油麵筋十兩。 醬油六兩。 素油

食鹽 小茴香末 各少許。

杉木屑一斤。

製法：

將油麵筋入鍋以少許清水煑

之加入少許醬油煑透撈起仍照前法以杉木屑

燻之惟須時時將油麵筋翻轉以免偏枯偏黃之

弊燻就盛於盆碟中食時以燒熟之素油倒入醬

油杯中再和以食鹽豉及小茴香末或味精等味

甚香美。

預備材料

筍二斤。 醬油二兩。 麻油白糖

各少許。 木屑一斤半

第三種　燻筍

製法：

將筍去殼洗淨切開盛盤碟中。

入飯鍋蒸之熟透如前法燻之時時塗以醬油麻

油白糖等汁（預先調好）燻就取出切而食之其

味甚佳。

第四種　燻茄子

預備材料：

茄子一斤。 素油（燒熟） 醬油

麻油 味精 白糖 等各少許。

茶葉六兩（已泡過而晒乾者亦

可以代木屑之用）

製法：

將茄子去柄洗淨切寫四開以

食鹽醃之然後入鍋煑熟照前法以茶葉代木屑

燻之又將燒熟素油與醬油、食鹽、麻油、味精、白糖

二二

等調和盛杯中時時塗於茄上不久即已燻就矣。

辛編　糟菜類

第一種　糟雞毛菜

預備材料：

雞毛菜一斤。　香糟半斤。

製法：

先將香糟袋鋪於缽底再將雞毛袋洗淨煮熟撈起置於缽內香糟之上以蓋緊閉之不久便可取食。

第二種　糟豆腐

預備材料：

豆腐四塊。　香糟二兩　食鹽

醬油　麻油等各少許

製法：

將豆腐切為小塊成方醃以食鹽再盛入缽中加上香糟一小時後再加以醬油麻油即可食矣。

第三種　糟麵筋

預備材料：

油麵筋一斤。　香糟半斤。　醬油五兩。　食鹽三兩。

製法：

將油麵筋每個剪一小口和水入鍋煮之一沸後加鹽及醬油二沸後撈起盛於缽中用糟浸之閉緊其蓋不一會便可取出食之。

第四種　糟菠菜

預備材料：

菠葉半斤。　香糟四兩。

製法：

先將菠菜洗淨煮熟盛入缽內。

二三

放入香精袋閉益片時即須揭開以免菠菜悶黃。

以上四種食時調以味精其味尤佳。

壬編　醬菜類

第一種　醬蘿蔔

預備材料：

蘿蔔十五斤。　食鹽二斤。　甜密

醬二斤。

製法：

將蘿蔔洗淨切爲長條盛於缸內以食鹽醃之大石緊壓三日後撈起瀝乾再以甜密醬醬之約半月即可食炙味甚甘脆。

第二種　甜醬瓜

預備材料：

極嫩生黃瓜十斤。　食鹽二斤。

甜醬十斤。

製法：

將瓜對切二片有子者必須開去其子盛入缸中以鹽醃之隔日起出先入次醬。然後浸入甜醬俟瓜色變黃即可食炙。

第三種　醬生薑

預備材料：

嫩薑二十斤。　食鹽三斤。　醬十五斤。

製法：

將嫩薑去皮洗淨入缸以鹽醃之隔日取出瀝乾初放入次醬內半日後再以甜醬拌之隔日取出瀝乾初放入次醬內半日後即可食矣。

第四種　醬筍

預備材料：

斤。醬油二斤。甜醬五斤。筍二十斤。

製法：　將筍去殼洗淨入甑蒸之俟熟即當起出勿使過熱亦勿使過生然後一一裝入綢袋緊扎其口放入醬油缸中隔夜起出再放入甜醬缸中浸之三數日後便可吃矣。

癸編　茶飲類

第一種　檸檬茶

預備材料：

檸檬果一個。咖啡茶二匙。

製法：　將咖啡茶倒入玻璃杯中以滾水泡之成爲濃汁及冷撈去茶叶分盛數杯然後將檸檬切爲薄片每杯各放三片以匙壓之勿使浮起再用滾水泡之酸美異常。

第二種　人造咖啡茶

預備材料：

柿核一斤。白糖四兩。

製法：　將柿核洗淨入熱鍋炒脆然後入石磨磨之成粉盛入玻璃杯中加以白糖或加香蕉檸檬糖亦可再以滾水泡之其味與真咖啡無二。

味精贊　太虛

一切有情　皆衣食住
四食段先　三塵味至
味食引食欲　殺傷乃滋
得此素味　庶幾能慈
由一味精　成諸妙味
平等大悲　於焉是寄
普吉十方　永斷肉食
證味圓通　一門深入

味精能挽劫運說　（印光法師文鈔雜著）

印光

飲食於人。關係甚大。得之則生。弗得則死。故曰食為民天。然天地既為人生種種穀種種菜種種果養人之物。亦良多矣。而以口腹之故。取水陸空行諸物殺而食之。以圖一時之悅口絕不計及彼等與吾同稟靈明之性同賦血肉之軀。同知疼痛苦樂同知貪生怕死但以力弗能敵被我殺而食之能不懷怨結恨以圖報於來世乎試一思之能不惴惴忍一時悅口之故。於未來世受被殺戮乎哉願雲禪師云千百年來碗裏羹深似海恨難平欲知上刀兵劫但聽屠門夜半聲詳味斯言可以悟矣奈世人習慣肉食。勸其吃素縱有惻隱之心。亦不易從以無滋味以佐食。故近有化學大家吳蘊初君有心世道欲挽殺劫。特專精研究食味一事。乃取麥麩洗出麵筋醞釀多日製成醬精味精以養飲食之味其意亦良厚矣此品其質醇厚絕無葷物願吃素之人放心用之光初

壽康食譜　贊

二七

壽康食譜

聞其說。尚不敢信。一日林滌庵夫婦同來皈依。因與說食肉結果之慘。天災人
禍多從殺生食肉而起。奈世人多以口舌滋味所誤。故難消滅其根本也彼遂
言吳君所製味精醬精甚鮮美。若着少許於食中。即粗糲亦等珍饈矣因請光
偕江味農居士并二三友人同往其廠看其製法深佩吳君一番苦心以此品
一行。不但救護物命且能令同人解怨釋結俾與一切物類同得共生於天地
之間以各盡天年其利蓋大矣孟子曰矢人豈不仁於函人哉矢人惟恐不傷
人。函人惟恐傷人巫匠亦然。故術不可不慎也竊謂吳君此品藝也。而進乎道
矣出此以行世求利也。而實含利人利物救國救民之深益矣其功偉哉慈受
深禪師云飲食於人日月長精粗隨号塞飢瘡下喉三寸成何物不用將心細
較量况有此品以輔之宜一切人各各吃素以保我身世世生生不遭殺劫明
哲君子當不以光言為迂腐也
民國十二年癸亥月古莘常慚愧僧印光謹撰

參觀天廚味精廠記

世界佛教居士林林刊編輯處

本林同人。知印光老法師嘗參觀天廚廠。而為味精能挽劫運說頗嚮往之。一日。特偷閒間備車請本林主講能禪法師領同人前往參觀當由味精創製人卽該廠廠務經理吳蘊初君並批發所長王東園君導引於第一廠逐部流覽隨事說明見其原料純用麥麩造成麵筋,稱量入甕然後移甕蒸池中甕外周圍食油甕口密封通以玻璃管管出屋頂玻璃外池底加熱蒸之。熱度高下及蒸時長短均有定準。頗合科學規律甕內麵筋既經蒸發廢料自由管排出而精華自存其中至合度時從池中取出移置他屋俟其冷而凝結乃成定質色白。加以種種提揀之功使之淨潔又依科學方法。使變流質而色黃此間又幾經意匠汰雜存純又復通以電機連以鐵管加以冷壓使成定質而色又轉白此第一廠諸工作也覽華同往第二廠正值添築屋宇裝置機器因味精製造初成。粉多結晶必須加工研細不得不多用機械也。此第二廠稱量裝瓶諸務皆屬女工為之。吳君蘊初之夫人大雅不羣督率女工從事一切條理秩然同人目觀莫不欽佩從知吳君專精化學並精物理學機械學故其創製味精歷時不過一年而成績可驚令人不禁贊美蓋兩廠設備均由吳君苦心經營可用土法。必需機械者即自繪圖樣。親教鐵廠仿造。凡以節省人力財力而已故自味精原料及製作用具莫非國貨尤有可貴者吳君等辦事室非常樸實。絕無浮華習氣足見其謹慎從事吳君並向同人云辦事必基本實驗由漸擴充庶幾有成而無敗又云今惟勉盡綿力以與實業此心乃稍卽於安其言均可玩味也同人竊歎民窮財盡國將不國獨吳君汲汲以興實業求其心之安蓋實業與國自富也吳君真人傑哉因記數言以告真欲救時者。（林刊第四期）

勸戒殺喫素文

虛空世界。原自清寧。一切眾生皆具佛性。自迷眞逐妄背覺合塵。故無端起貪瞋癡。造造殺盜淫。致世界成一大劫網而一切眾生輪轉其中莫之能出可不哀哉造劫之因雖非一端。而其最大而最多者莫過於殺生昔願雲禪師偈云千百年來盌裏羹。怨深如海恨難平不欲知世上刀兵劫。但聽屠門半夜聲可知屠門哀號之聲。一日不息。則世上刀兵之劫一日不能免靜言思之寧不危懼夫人知愛命物亦貪生今試易地以思使剖腹刺心之酷加乎我身我苦何如使刀砧湯鑊之慘加乎我身我痛又何如人有父母兄弟夫婦子女之愛物亦有雌雄牝雄之類。殺彼子女充己口腹其悲痛孤苦又何如夫人與人處睡眠尚且必報物雖無言知覺與人何異每見一大都市宰殺水陸飛走眾生以充口腹者日以千百萬計驚痛憤恨鬱成厲氣積之久久大干天和饑饉疾疫刀兵等劫。出此起矣此因果報復一定之理苦於世人相沿成習不覺不知耳。王洋曰。

昔賊匪蜂起。死亡歎曰。李秀才培德。謂二仙觀林道長。問二生靈何辜。帆曰。

遭此大劫。道長甚喜。世人殘忍成風宰殺孽重。積之久久。大干天和。

故天降此饑饉之刀兵。收錄人民。以填物命耳。又嚴紹庭曰。明季

有王居士。謁小洞天聲者叩云。攀世盜賊縱橫。干戈擾攘。億萬生靈。

遭此大劫。願吾師垂金臂救之。聲者云。惟有

戒殺放生。可免耳。以上兩段見好生救劫編。

　　　是以弭劫莫先於戒殺莫

要於護生尤莫善於茹素此素食同緣社所由起也。以上言饑饉刀兵等劫。

致。欲弭劫運。莫要於多結同志。戒殺以期各保生機。共挽天心。皆由世人宰殺孽重所

殺噉素以期各保生機。共挽天心。佛言食肉之人斷大慈種我觀眾生輪

迴六道迭為父母六親眷屬更相噉肉無非親者常生害心增長苦業流轉生

死不得出離不食肉者卽是無量功德之聚若一切人不食肉者亦無有人殺

害眾生此楞伽經之言佛家奉為金科玉律者也。以上引楞伽經。明佛

曰戒殺斷肉食佛制也儒家聖人則無此語則應之曰孔子之經莫大於易其家戒殺斷肉食之旨。或

言曰各正性命保合太和又曰天地之大德曰生又曰古之聰明睿知神武而

不殺者夫子思作中庸以述祖德曰。萬物並育而不相害孟子私淑其學曰君子親親而仁民仁民而愛物又曰殺一不辜雖得天下不為也夫有罪當殺牛羊雞豚之屬何辜聖人不忍殺一不辜而得天下，豈為區區口腹忍殺無辜乎見其生不忍見其死。聞其聲不忍食其肉。此孟子方便說法耳。迄漢即不見其生。亦不忍見其死也。即不聞其聲。亦不忍食其肉也。代大儒厥有仲舒著春秋繁露以明孔子之教。則曰質於愛民以下。至於鳥獸昆蟲莫不愛。不愛奚足謂仁儒家聖賢垂訓其戒殺不章章乎大戴記有云食肉者勇敢而悍食穀者智慧而巧夫悍者殺之端也亂之源也智慧者仁之迪也治之本也。故肉食之民每好殺而難化穀食之眾常和平而易親徵諸中外理無或爽吾聖人既判其美惡之殊。由於肉食穀食之分則必以肉食為宜斷也明矣朱子註孟子七十者可以食肉曰未七十者不得食也。七十曰老而傳諸子。七十可以食肉者。古聖賢隨順孝子事親供奉甘旨之誠。重在存養老之禮。與告朔不去餼羊。愛禮之意略同。非謂年至七十。必傳。蓋以家事

39

定食肉，始能養生也。〇印光法師曰。此世間聖人所立之教法。自佛教東來。暢明三世因果六道輪廻之事理。而且歷代史書多有人畜轉變之事。固宜特開眼界。慇念生靈而不息也。如是則食肉者鮮矣。又以咬得菜根百事可做。爲小學終篇其望人茹素不隱然言外乎。由是觀之戒殺斷肉食於儒家何疑。第以上所引儒聖之言。原非專爲戒殺斷肉食而發。聖人之心。天地之心也。人於萬物中。若者無故殺害一日一微細生命。即於各正保合並育之旨有傷。而況其大焉者乎。又況一日殺之乎。在所深懼也。玆特覓集腹之欲。以闡明戒殺斷肉食。儒佛聖人。其心不二。在所明眼學人觀之自能了解於方便無礙。而不誘以苦心。合經之文。本旨。亦正圓明無礙。而不必以奉心合經之文疑耳。或又謂人人都戒殺物類不將充滿世間乎。吾得引紀愼齋家訓。以正告之曰世人不食虎豹，未見虎豹充滿人間。山村內儘有一村不食蛙鱔者。彼地蛙鱔亦不見獨多。況按之因果正理畜生一道。實因夙生殺業受報而來。若世界人人戒殺。將直無此畜生惡道矣。何慮之爲。　以上釋物類。充滿世間之疑。　或又曰飲食所以養生喫素有礙衛生。

心一堂　飲食文化經典文庫

奈何。則曰。無錫丁仲祜先生所著素食主義一書。已詳論之矣第一章言肉食

之害素食之益至爲明切肉食含有疫毒誠不免有礙衛生素食天然真味營

養分以植物爲最富。不似肉食溘滓多而消化難。是素食不但無礙衛生乃深

合乎衛生也仲祜精中西醫學其言可信何不取其書而詳玩之。以上釋喫
素有礙衛

生。總之戒殺茹素。可以弭劫。可以養心。可以惜福可以延年。無悖儒佛兩家

聖人之旨而又適合乎養生人亦何樂而不戒殺茹素乎。以上總結
前五段。南海印

光法師宏揚淨土常常以戒殺放生喫素念佛八字教人其所撰金陵法雲寺

放生池疏曰。近來天災人禍頻頻降作憂世之士以爲此等業果皆由殺起偷

能知物不可殺則斷無殺人之理又曰放生原爲戒殺而戒殺須從喫素始偷

人各戒殺人各喫素則家習慈善人敦禮義俗美風淳時和年豐何至有刀兵

劫起彼此相戕之事乎上年在愚園內道院說法謂勸人喫素較之勸人放生

功用尤大此爲不放之普放蓋喫素爲實行放生之事放生乃爲感發人喫素

之方便。若不喫素則所殺無算所放其有幾何哉。一時聞者靡不感動興起。此

父素食同緣社最初之緣起也。以上述印光法師語。與開章願雲禪師偈。是說遭劫之病。印光法師語。是說免劫之藥。 深望海內各界善士減少肉食相率提倡息殺行慈之道共趨於

素食一途以迓天麻而弭劫運功德實為無量無邊第有一至簡要之言謹貢

於當代仁人君子之前莫謂一人發心戒殺吃素保全有限。何補衆生須知天

下者人與人之所積而成也擴而充之推類而廣之其作始也簡其將畢也鉅。

其種因則小其收果則大況聖慈加被天道好生此中更有不可思議之力存

焉是在勉强行之勿自餒而已矣。社中同人不勝企祝。 以上普勸世人

緣社。 南京素食同

宋磧砂藏經攝印近聞

中國譯行佛教經籍、最初祇有寫本、稍進有石刻本、再進有木刻本、至是印刷較便、流通較廣、宋代始盛行如北宋之蜀本、福州東禪寺本、南宋之福州開元寺本、思溪王永從本思溪資福寺本磧砂延聖院本、皆於版本中貢佳名者、但今日欲觀其遺蹟、蜀本固稀如麟鳳、即東禪以次五本徵之國內國外所藏、見於著錄者、或少數殘文而無大部、或後代補本而非初刊茲上海影印之磧砂藏經既係全部又爲原刊攝照落石、眞相不失實可慰世間持誦研究者之願望、磧砂藏之緣起宋理宗端平時（西曆一二七二年）平江磧砂延聖院比丘尼弘願斷竹募刊經律論全藏迄元世祖至元時得慶完成此大略也、原本梵夾式西安臥龍開元兩寺所藏現由陝省圖書館保存去藏朱慶瀾氏囚放賑發見即屬範成僧詳查、每板五面、每面六行、每行十七字、有嘉熙（西曆一二七三）淳祐（一

西曆一二八一年號葉恭綽蔣維喬狄葆賢徐乃昌丁福保蕭翊昌吳光會李

釋緯李圓淨諸氏嫄以此為吾國古板一切經之最完善者奉傳至六百年之久

在世界文化上美術上必多所貢獻即議影印流通就上海組織影印宋版藏經

會（上海公共租界大馬路保安坊四樓大生事務所）負責辦理其一切發行之

事委託佛學書局（上海公共租界格崗路宋墅）任之自編勘經帙徵補闕頁、

與範成僧照玻片正在積極工作像計影印五百部每部六千三百餘卷分期

訂購印紙已有相當之成績前更選聘攝影技師及編校專員赴陝由李壽亭氏

出書兩年可出完豫約價五百二十五元一次繳足不日登報通告、

記者曾見原經字體古雅刻工精美顏少錯誤且有可訂正後來諸刻之誤者卷

端所列各會佛象尤莊嚴抄麗蓋當日之書寫者刊刻者發願署名舍有功德性、

與他書之簡率從事者不同以之研究持誦一掃俗障矣各圖書館各學術團體

各寺院料必宜先定購也

44

45

佛學小叢書

佛學書局輯印

佛教不振。佛法不闡。病在佛學之不普及。其故雖有多端。未見普及。縱有經興。能讀者稀。今者識字漸衆。正宜利用文字。廣作方便。以奏普及之功。此本局所以有佛學小叢種之輯也。此種叢書。關於弗學之義。○篇幅不長。○分訂小冊。○以便購請。○足供青年○不限種數。○今將已出各齊開列於下。

作家學佛法要	三分	門通諸法大
居家士女學佛程序	三分	唯識學
現代僧伽的職志	五分	布施波
反宗教中之佛教辨	四分	精進
白蓮者開示錄	四分	禪定
釋迦應世的始末	四分	念佛一
地藏大士聖蹟	四分	觀心。
文殊師利。	四分	持戒
觀音菩薩典要	五分	忍辱
釋教傳	四分	淨土
佛像概說	五分	智慧

印送佛經功德無量

一、倘有發心善士捐助鉅貨印送佛經啓世正信，或百部，或千部，或於他人印送佛經時附印若干部，但須託敝局自常代辦。

二、其或身處逆境欲求福利，或身患疾病欲求速愈，或欲求子，或欲求壽，莫如印送佛經皆福德誠心所求必應，但須委託敝局代辦。

三、或有孝子賢孫欲報親恩所求必應，莫如印送佛經自常代辦，但須委託敝局自常代辦。

四、或有追悔先德發思欲報罪恩，但須委託敝局自然消罪植福，結欲展孝思。

五、或遇婚嫁喜節，其所費佛充善果，莫如印送大批佛書，但須委託敝局自常代辦。

六、或欲贈送大批佛書而手續之煩苦，是投或各地詞寺庵田地址不能求，悉可委此代辦，自出敝局自出貨。

上海佛學書局代辦部謹啓

本書贈送不取分文

中華民國二十一年十月初版一萬冊
中華民國二十一年十一月再版一萬冊

壽康食譜 初集

編者　默雷居士

代辦者　佛學書局　上海膠州路七號　電話三五五二四

代送處　佛學書局分局
(一)上海麥特赫司脫路
(二)上海閘北新民路中
(三)長沙玉泉寺七十號

世界佛教居士林
天廚味精廠
榮根香疏食處　廣西路二馬路中

壽康食譜

若欲解除環境的迷悶，而認識宇宙人生的真諦者；敬請閱讀佛經！

上海佛學書局備有各種佛經目錄，函索即奉。

佛經，乃是萬古不刊的聖言，乃是色羅萬有的淵海，乃是心行並重的寶典，乃是圓滿無漏的義學。有些人看見佛經中的義理高深玄邃，便說佛學像哲學；又有些人看見佛經中的事物綜錯歷然，便說佛學像科學；乃至將佛學比之社會學、倫理學、宗教學，以及最優美的文學等。佛學固然擅其各學問之長；其實這都還未能如佛學的超脫徹底，美滿無缺，真實受用，致大福利呢！諸君欲知此中的真諦，求得真實的福利，而對於宇宙人生加以深切的認識乎？——敬請閱讀佛經！

素食養生論

序

余因求究唯識宗得交章父。蓋章父深於唯識兩論者也。初見其素食以爲本釋家戒殺之旨。頗以爲不適衛生。嘗規以勿過奉律宗而自苦。其肉體章父每笑認可。然未加解答。昨冬自滬言歸。便道訪之。快晤旬餘。繼見章父飲食每食四簋。亦食肉矣。今夏避暑澳門。寄居依食於章父。則見每餐具肉。當盛余而設章父不多御焉。如是思必有道。請釋一言。章父遂出其舊草素食養生論一籍。使余重爲繕之。此卷迺本諸日人山崎今朝彌所述。北美總統羅斯福之衛生顧問開洛克之『食物養生實驗談』。其言深得哲學的科學的見地。而適切於實際生活。余編竟。始恍然有悟佛門律宗禁止肉食詎僅於戒殺。其注意於養生邪。嗟夫余行年三十。落拓天涯十有八載。饑趨塵鞅。旅食不甘。又寧知養生邪。章父命意或不在曉余。

1

以養生而喻余以治生耳語云咬得菜根百事可爲然夫辛酉六月十一日孫黼

志於羼提寄廬

二

素食養生論

目　次

一

三

素食養生論

目次

五

素食養生論

第一章　緒論

浮圖氏有言四大從緣假和合有然則吾人之有此身固由各種物質構合而成者矣據近世學術發明凡所以構成人體之元素爲表如下

元素	英　名	重　量
酸素	Oxygen	一六•五六 磅
炭素	Carbon	一九•八
水素	Hydrogen	一三•四六
窒素	Nitrogen	三•七〇
燐素	Phosphorus	一•七〇

硫黃	蘇達	加里	石灰	弗素	鉀	鐵	鎂	硅素
Sulphur	Soda	Potash	Lime	Fluorin	Potassium	Iron	Magnesium	Silicon
〇·二二	〇·一五	〇·一三	一·九三	〇·一八	〇·二三	〇·一四	〇·一二	〇·〇〇三

顧右表所舉乃就陳死人（以一百五十磅重之普通西洋人爲標準）軀殼而分。

析之非以生人而言也生存之人猶有所謂生命者在以其有生命在故今日所

食米麥粱肉等物明日卽化而爲血肉因有言動思想、之事誠不可思議焉此奇

幻生機無論何種學者不能以意爲之雖以元素與元素構合備極巧妙亦未見

其有得也數十年前有大智慧者謂生命不過循物理化學之作用持之甚力然

在今日已無有敢誦言此說以立於嘲笑之鵠矣其所以爲花卉人物者要非通靈者既不

能生亦不能動譬之於畫繪具自繪具之所以爲人者亦然且極畫

能彼盡工之神秘技術卽畫之生命固不可無也人之所

工之能事特貌似而已非眞能栩栩欲活也若夫人之言笑動作又豈人事所能

爲力哉是故元素自元素人體雖成於元素而元素則非人也彼陳死人

之軀殼寧非元素第已無生命矣或以爲生命成於自然（指造化之力）卽以自

然爲能造生命者雖然成於自然者固非造於自然也彼特自然而自然耳果造

自自然者寧得謂之自然邪夫人體生機亦不獨合全軀而後有卽其一部分之

11

各各細胞亦別賦有生機也苟以顯微鏡察之則各部分之形色活動咸顯相

異尤可怪者動物與植物之細胞有甚類似或且全同如黴菌與阿米巴(amœb

乙)乃由同一組織之單細胞而成此阿米巴蓋至微小之動物也駢列九百枚方

等一分(即九千分寸之二)雖無口鼻手足其他機關類不具備然一值饑餓則

捕食小蟲等物且能任意行動雖無腦無神經然其為感想為呼吸為食與作固

弗異於牛馬犬豕也牛馬犬豕固魁然大者其視阿米巴直百步之於五十步乃

由無數細胞藂合而成耳此無數細胞皆獨具生命其生命價值與針頭一滴有

百五十枚之阿米巴同至高等植物亦無以異於圉夫之接木足證其理又如外

科醫生之聯皮續指牙醫之補牙斯其例也又人身以職業性質之由異而細胞

亦隨有種類之不同司同一職務之便利藂集一所以成

一部機關首以纖維及骨得脂肪組織與軟骨組織之助遂固結各部機關以成

軀體而任動作如是者實生命之綱領也其他如思想感覺舉動等事則有神經

筋肉及上皮組織而司之細胞中有特妙之作用者曰腺腺者四肢百體咸伏有之。具多種職能或製作睡液或作胃液或成膽汁或爲發汗之用或以行血或以除毒其功至偉血者亦生命之要物也以赤血球與白血球構成赤血球但從血管中見之其白血球於血管外且見之所以爲赤色者赤血球較白血球滋多也血之研究本極有味然於本書無直接關係故略言之所述組織機關其一部分以至全體極精微巧妙雖千百人類皆相似顧細察之要亦無有同者且一人之身時恆變易每七年間其本體全爲新造然而新陳蛻遭之際有必趨之勢必循之軌型模本性乃一成而不易也如小指必短似中指目必爲上手未嘗忽爾變而爲足司聽者未見其驟轉而能食也凡此皆平常之至奇者昔有動物學家嘗下一定義曰動物者其中爲物質之流動體也此定義殊適用於人人體之內以食物成血每日所食之物由三磅以至五磅計一月之食量與其人體重相等是一年所食凡十二倍其體重矣至於各細胞與各機關雖有獨立生機然亦非

第一章 緒論

五

素食養生論

互別以相離異也第一、依神經組織而保全身之連絡爪、牙、毛髮附之。但浮游於血中之細胞斯爲例外耳第二因血液而保全身之連絡各細胞各機關由是以調和孳養第三各細胞造出特有之物質齎送於血液中使與他細胞感應以爲身體之長育營養焉

第二章　吾人當思如何保有此身

今夫築堰爲防備極經營慘淡然竣工之頃崩蠡潰散者隨之矣人體亦然其毀壞固不常而且亟也苟無以補葺之則終身之世敗滅者數矣至人體胡爲日瀕於毀壞試究其義頗奇詭可喜深秋野燒火烈具揚山澤所有咸付一炬未嘗不心驚魄動也第返觀百骸之內日煆夕爇勢亦如是燄燗且無熄時就化學言之是名酸化作用觀夫林中枯木日漸毀滅者以其內部自行焚燬也生物有高下之等別要皆有相當之熱存在卽所謂煆爇不息也冷血動物亦有三四十度之熱某種禽鳥其熱在百十度以上而人則約居百度吾人每日所發散之熱其力

可煮水二斗而使之沸騰一時所出能令八合之水由冰點以至於沸點又可使

一寸口徑一尺五寸之蒸汽管每時不減其熱果以煤炭致之非十六七磅不可

然以煤炭生熱若取其烟突及四週進出之熱而計之則所需之煤當不止此數

矣費如是熱力不肯自行煨爇其本體者人身之勞動也據精確調查所知人身

一日動作所用之力能舉一八○七五○○磅之重物持高一尺此力以七分之

一為血液循環之用呼吸作用稱是其他則軀體四肢耗之一日之作假定其為

十時則一秒鐘所費當舉八萬三千餘磅果以二足當之則二十四時間須走三

百餘里據專家所言每日費如許多力已銷耗其身體八十分之一循是八十

後全體銷滅矣就從來經驗與研究觀之若四十日間無所補苴一任其銷滅則

死可立待也然而人體雖瀕於毀壞其仍不至於亡者以其一面消耗一面則養

育各部機關及各細胞使其滋生得以彌縫其關所謂補苴者非他日中之食物

是矣構成人體各物日人山崎今朝彌著嘗分析之得水分為十貫百五十瓦纖

七

維素四百十五兓蛋白質四百十兓炭酸石灰十兓有奇食鹽約二十五兓其他酸化石灰三十兓硫酸蘇達二十兓其每日排洩水分炭酸加斯及灰分窒素等物出自肺者二百四十兓出自皮膚者百五十一兓糞則四十兓溺則三百四十兓然則補苴罅漏飲食一事誠不可日缺也飲食之道貴乎養生徒肆口腹之慾抑亦陋矣吾人所食宜取其富於精力者顧精力出於陽光植物得太陽之熱始能從水土空氣中吸收精力是故蘊精收熱莫富於種子果實等類然植物能取之而不能用之動物唯不能取乃假諸植物以爲用固其宜也植物所蓄精力之凝結者略具三種

一、含窒素物（成形質）凡筋肉、神經、與腺及其他生活之細胞皆賴此以構成且能維持之所謂蛋白質也

二、無窒素物（燃燒質）如澱粉糖質及脂肪等人體精力與熱之所由生也

三、水與鹽分水之爲用蓋助滋養之輸入及排洩物之輸出又其一部與鹽類同

為組織構成之鹽質（即有機鹽）存於人體中凡硬物質無之又與死灰中之

鹽質亦異

嬰之食物中未嘗不有蛋白澱粉脂肪及糖鹽等質其澱粉質凡蔬菜穀類種子

及各種植物性之食物殆皆有之雖果實之未熟者猶不尠然胡桃類中乃無有

也至富者為穀類其所含且有不止居其本量二分之一至若糖質則各類皆有

其由植物根莖所製者曰沙糖由果物而成者曰果糖由穀物而成者曰穀糖有

用硫酸於澱粉而成者曰人造糖又成於牛乳中者為乳糖與澱粉經消化後所

成之糖質無所異也脂肪質以胡桃及落花生類為多果物中橄欖等所以

脂肪穀物除玉蜀黍類之外僅含少許米麥直可云無脂肪之出於植物與動物

者大異蓋動物脂肪不宜於消化也蛋白與脂肪質相同雖可由動物與植物

於消化者特植物及卵之蛋白質耳以小麥粉溫水去其白漿餘膠形之物是亦

蛋白質之一種即哥路登（Gluten）然少有差異穀類與胡桃等物皆含有之

九

而豆類特富果類則否蔬菜但含少數屬於動物者以卵爲多植物及卵之有蛋

白質者爲其種子及離之生長成立於其未能采食時得以滋養而設也至於其

他動物之蛋白質乃已作構成機關之用不具養育生機無益於人體更進而爲

之喻動物之蛋白質猶經鑄就器物之鐵而植物之蛋白質猶新出之冶鑪者也

其孰美孰惡於斯可見夫食物宜取其新且潔者天苪此徒足供鼎俎又惡用彼

陳腐之物耶肉食者鄙無取乎饕餮也有百布托辛者（Peptgens）其本質果

爲何物尚未可知然在食物中其質極爲有益無論何物要皆多少含之苟食物

無此者猶納枯葉與木屑於胃中而已此百布托辛能助胃液分泌促使食物消

化某種酸汁及百布聖（Pepsine）皆其所造成熟果及穀類之成糊者豆類之成

漿者蘊藏甚多諸芋與澱粉質之蔬菜所含較少上述三種食料雖植物動物皆

可取材然以動物性之食物既爲陳腐不便於消化（後文更詳言其故）則吾人

允宜求之於植物性之食物也顧雖如是脫以爲凡屬植物其皆可食則又不爾

一〇

觀多數學者研究最宜於食者要以各種粒顆之穀物、及種子果實爲宜夫肉食。

一事於人齒及胃俱極不適食之者但少數之野蠻人與西洋民族若吾國以農

食爲主。今乃猥隨陋習寧非惑歟。植物中唯莖與葉爲不可食以其多纖維且害

於消化無異乎肉果物如善咀嚼之消化自不須力胡桃與豆殆無棄材矣尤有

要者關於肉食之消化世多爲蹜常習故之醫學說所欺遂謂於消無礙此大

誤也蓋肉食者雖有時早覺腹內空虛不過所食之肉凝縮於胃中其體積略小

非消化也肉之化學的作用爲那篤里（Natrium）性其在胃中瀝出水漿以致

本體漸縮此水縈迴腹中空虛之地大類飢腸欲鳴實則消化至不易易凝縮之

後但成渣滓隨排洩而去平日列於分析表上之營養分無絲毫足以益人故曰

肉食不爲滋養也又凡屬植物性之食物未嘗有二物同食而生害者若蟲硬肉

類與他物同食恆以爲患其於果物尤不可不注意又有言人之齒宜於象而

不宜於芻其作臼形所以便於穀食卽與馬牛草食之齒作磨形者亦弗同蓋粒

二一

顆可舂而根莖與葉非磨莫碎人齒不能左右迴旋唯馬牛等能之由其顎骨之構異也

第三章　食物消化之妙用

食物之與消化雖似盡人能知然以其有深奧密切之關係欲明其所以然者未始非有益專也食物本體縱具人身不可缺之性質不可少之要素第非經消化以成血液未見其能週行人體而奏其爲性質要素之功也使所食一旦成爲流動之物是物一交於血亦卽爲血構成強固之軀幹此之謂消化作用吾人研究其事首宜知其機關構造之大概消化器之全部極蜿蜒而結讅以口胃肝膵腸五事驟合而成口內有齒與舌與唾液腺唾液腺者分泌阿爾加里（Alkali）性之唾液機關也普通之齒小兒約二十枚成人則三十枚口與胃之間有所謂食道之狹管爲之連絡胃脘之形如西洋梨子若可容升許之囊脘之外壁爲伸縮自由之筋肉所造內被粘膜而多皺襞其噴門滿佈分泌酸液之小腺又與酸液

共成胃液之百布聖腺亦居於噴門肝臟居胃之後以一端抱胃爲之保護能造

膽汁以小管輸送於胃下之消化器管膵臟橫於胃之下多泌膵液歸輪之途一

如膽汁小腸尤爲重要之化消器其長可達二丈五尺其內部有無數小腺分泌

粘液以助消化復有無數橫襞凸起之物所以擴張其體吸收既消化之食物也

大腸不能謂爲消化器僅司檢查之職長約五尺較小腸短而粗大食物有經過

小腸而全消化者頓留此處吸其水分乃排洩以出之上述口胃肝膵腸五種消

化器及唾液胃液膽液膵液腸液之五種消化液與夫澱粉蛋白脂肪糖分鹽分

之五種食物互爲關係之動作殊奇妙可觀吾人當食飯時若含咀良久則較初

入口中自多一種甘美是則唾液作用彼以不可思議之力能將無味澱粉立變

而爲糖質準是作用以唾液與糊精混合加熱使其溫度與血同糊遂成漿其味

甚甘是知液功用在於化澱粉以爲糖質也此等作用不特在口中爲然卽下咽

三四十分間亦繼續不絕過此則酸性之胃液分泌既多唾液之阿爾加里性爲

一三

其所壓其消化之功。乃廢故食之時忌食酸物。亦以其有害於唾液之阿爾加里

性也胃中一日分泌胃液之量凡五十餘兩此液視他種消化液有異其性極酸

據化學者言殆含有與海鹽同性之鹽素又胃液中除酸性外復含有百布聖兩

者相合消化蛋白質而成百布頓（Peptone）百布頓者可溶性之營養分也食物

而既成此直可收攝於血液中而食物之本來目的達矣膽汁之用在於消化脂

肪使食物脂肪質成柔滑之汁狀如牛乳復與腸液連合以小管通過粘膜細胞

送於血液或淋巴腺（Lymphatic glands）之中云至於膵液頗具極大作用凡

唾液胃液膽汁之功效一已為之亦能使澱粉為糖使蛋白為百布頓使脂肪而

為乳汁尤能化生澱粉使成糖質（如生熟果物所含之澱粉）若腸液則消化糖

質且將各種食質檢查一過有消化未盡者自行消化之但

各種消化液咸能就其所宜取者而消化之也消化液之鹽分亦由腸液消化但

此外猶有效用多種如唾液能使食物柔潤便於下咽其由唾液所成之糖乃所

以溶解鹽之營養分俾成構造骨骼之要素是故澱粉質之消化苟不能充分則

糖分無多而鹽分不能溶解骨之原素乃無從而生傴僂病及英吉利病常患腸

胃膨脹不過出澱粉消化之不充分耳昔有醫士謂傴僂病原因乃鑛物性鹽質

不足所致此非三折肱之論也胃液亦於消化蛋白質外且爲防腐劑之用以防

胃中食物釀酵腐敗蓋胃液爲障能使各種傳染病之微菌觸之立死免爲胃患

顧所奇者此重要有益之胃液在人體中固能防毒然施諸他物則又肆毒試取

胃液注入別等動物血中該物俄頃斃矣膽汁之用亦大能取身體之毒而溶解

之或遇酸性胃液浸入腸內之時能調和之作腸內粘膜之保護並刺戟腸臟增

其吸收之力而防食物腐敗之虞吾人總觀以上消化之奇妙知有神秘大力者

在焉胡以同爲阿爾加里性之血而某腺則分泌阿爾加里性之唾液某腺則分

泌酸性之胃液又胡以今日所食之物而明日復能吸取食物之功此一問題窮

化學家之試驗盡醫學者之研求恐難解答是不得不委之造化神工矣剝消化

之作用。純爲自主而不繫乎人之意志。姑就唾液言之。當吾人毋須唾液之時。涓

滴不出。食水漿與柔潤之物。其分泌較少。使所食爲乾澀者。則源源而來其他之

消化液亦然不限乎量不限乎質唯適應於消化是從亦神矣哉。

第四章　人身與食物究竟是神秘不可思議者

今有言者曰吾人亦如蚘蚯逐糞所食者糞與土耳聞者鮮不掩口大噱譏其縱

詭雖然日夕所食要不過糞土之變相以今日食彼無感覺智力之米麥明日卽

轉而爲哲學者與文學家或思高遠之理或運絢麗之詞所食者、未幾而功效顯

矣古代索遜人有闡發此理其言曰、『Every man has lain on his trencher.』盖盖

人乃寓於食物之中也推米麥來原本出於糞土而吾人所以得成此軀體者則

無非米麥等物所致更證諸目前吾人此言笑動作舍食物而外誰爲爲之耶

今就食物變化之堦歷分別陳之其經過之第一關頭曰口咀嚼與唾液則口之

消化也咀嚼一事極爲重要苟食物咀嚼不透雖有唾液不能化之爲糖又假令

某物雖非澱粉質但能咀嚼良久可使該物一下胃腸輒與消化液融合消化至
易故臨食宜從容閑靜彼鯨吞虎噬之輩恆以此致病若咀嚼既久能使唾液大
增食物於未入胃之先早經消化其利誠非淺鮮也苾芬在前味官已動則饞涎
欲墮因知食物宜含咀口中俾其他消化器消息早傳則各消化液之分泌必多
不然圇圇吞下胃液驟不及知一時莫應而所食之物遂不得不雍積胃中徐俟
胃液之分泌矣據聖彼得堡之保羅氏所言雖同一胃液然當食物在口時預行
泌者與食物既入胃中而後分泌者其消化力大相懸殊夫唾液消化既如是重
要則吾人食物宜取其乾澀者庶唾液增多而胃液消化亦可以收其效關於此
事保羅氏常作有趣之試驗一日餵其所畜之犬直以管送食物於犬之胃不勞
犬之咀嚼犬胃驟得食物久不消化由此觀之食物儻非久存口內味官乃無所
覺胃液不能先行分泌若能善加咀嚼則食物與唾液融合使成糊狀殆一入胃
中胃中之消化至為暢適蓋胃於食物本無碎之之力其職任全屬乎齒齒如烹

藥歟職胃乃大勞誠以食物不甘久滯於胃也使胃液而能長與食物為伴猶可

冀其消化顧乃不然食物入胃中之四小時胃中立轉行吸收作用而胃液從不。

少出此半經消化之食物獨留胃內輒有無數毒菌觀其藩衛既空四面麕集（

胃液能防腐）而食物終以敗壞釀酵作酸且變加斯（Gas）酸水上噎腹響胸

燒常以致病若食物為澱粉糖分固有此弊如或為蛋白質為害尤烈彼極危險

之毒菌乘此生長蔓延遂釀成胃加答兒膽汁病黃癉病及其他一切胃腸病而

虎列剌腸窒扶斯等病亦皆由此生焉幸而胃力強健務取其雍滯之物而排去

之或不致有上述之患然而胃以掀衝之故又難保其不病擴張胃病擴張復為

毒菌叢生機會斯病亦莫免矣意大利霍拉氏云食物若經久嚼可令其營養大

增英國劍橋大學聞之卽由致授監視之下實驗多次益足證明其說又之久嚼

之物既下咽以咽喉後部之筋肉之反動使之逆上則物愈柔化有欲食物易於

下咽因伴以茶水羹臛等事而此力逐弱或至全失匡救之法惟以一月忍耐多

事。咀嚼亦可。復原此力之作用與幽門之將由胃入小腸之食物。一一停止而檢

查之者。蓋同為一種保護力也。若不察此靈妙作用。徒就化學之折衷欲妄斷食

物之營養分幾何不誤耶。要之衞生之食。將入口食物透切咀嚼。毋使失其風

味。然後適度吸取其質之宜者。如是則除某種不治之疾。凡腸胃等病自然可愈。

且精力亦曰形強固。出唾液入於胃。仍不輟其作用迫胃液盛行分泌之際使食

物化為酸性。於是唾液之作用遂止。又醋酸亦有妨唾液消化之力。縱不至過絕

唾液不能分泌。然猶害其澱粉化糖作用是不可不加之意也。茶與咖啡之單寧

酸（Tannic acid）亦然。而蓨酸（Oxalic acid）尤烈。以六千分之一少量已足令

唾液化糖之用全失。卽酸性之果汁若食之過多。亦足為患。或不酸而油膩者。尚

宜禁制。蓋植物性之脂肪。雖投涓滴於澱粉中。乃不能水乳故不為害。若動物脂

肪。能滲入澱粉。防害唾液與澱粉混和。至有不能消化之患。非所宜矣胃之消化

特質全恃胃液作用以消化食物之蛋白其消化之始在胃液盛行分泌之後卽

食物入胃經三四十分唾液作用既止之時也胃液之所以分泌乃由百布托辛、

食質喚起此百布托辛復有多種某種可成百布聖某種可製水鹽酸其始存於

食物之中但以唾液溶解而出或則憑唾液作用變化某種食物而製成之於此

有一極奇之事蓋各消化器作用始終互相聯絡同有關係如唾液既成百布托

辛即以百布托辛引起胃液之分泌遂能消化食物是其同一例也百布托之

功效能使胃部普通動作頓增二十五倍食物中苟無此物猶糠麩矣大抵果物

及穀物中多含有焉胃之消化舍胃液外尚賴其本體伸縮及橫隔膜升降之助

得使食物融和成流動體三小時後動作盡致食物乃下幽門而入小腸胃部消

化之能事於是畢矣食物既入腸中此際膽汁膵液伺候良久遂各致力於消化

膽汁者能使脂肪化爲石鹼質食物因腸管收縮運動陸續向大腸進發此時特

行釀酵作用所以消化糖分也然成長者與未成長者其消化糖分之力迥別成

者宜於麴糖及由唾液與澱粉所成之糊類若未成長者則以乳糖爲宜故牛乳

之適於幼而勿適於長者腸之消化力異也砂糖之於人體至爲無用以腸內全

不消化則此物之無益可知由此而觀胃部特一預貯之所食物在胃成流動體

週流二十五尺小腸之間隨而消化隨而吸收或小腸未全行消化者則歸之大

腸故大腸不名消化器亦曰吸收器而已肝臟之細胞以奇妙作用將胃與腸所

消化之蛋白質一一察視且去其侵入食物之毒排其無用之質又以消化作用

製成之糖分變而爲動物性之肝糖鄭重貯藏之當身體某部之須用補苴或生

熱必要之時立將肝糖送於所須之地夫糖分之在食物幾占過半之量使人身

無肝臟則食後直混諸血中不發大熱必依膀胱動作成一種如尿崩之患矣然

而肝臟於糖分作用各異其力於麴糖果糖糊類三種其作用至爲暢適至於砂

糖乳糖其成績特少許而已食物一經肝臟采取進而入於心臟復由心臟引輸

全體遂行同化作用同化作用者以液體之營養分變而爲固體之組織也卽食

物轉成人身之謂也食物之轉成人身與最初之人從何處來其遞蛻之際有難

二一

29

言者矣。或謂中有六種以上之康芝模斯與酸素合提取食物所有精力酌量適

合於身體組織情形而支配之雖然、如此解答究非吾人所明無論何人於創造

萬物者之創造萬物與夫食物之轉而爲人此中奧蘊皆不能知也

第五章　人食物耶物殺人耶

夫人不食則不能生於是首有重要之問卽何食而後適也然世人恆等閒視此

或曰食其所好者佳耳或曰能果其腹凡物皆宜或以爲三餐有三餐之食宜各

爲選擇吾人乍聞此語當知其謬顧舉世習而忽之寧非可怪在律凡有害於公

衆衞生者罪之以鼠子能爲人患卽亦設法以防乃於人人日有之食物其爲害

足以戕賊人體者曾不少加之意夫使世人蒙惡犯罪追溯其原未始非食物之

所致也吾人構庇體之房屋其所遴選者務求美材大木使適其用奈何構造本

身之食物反漠然視之某學者有言舉世之人其致意於飲食者視致意於居處

者十不及一崇樓廣厦雖千萬金不恤窮極規畫務使輪奐而於所食則恣口腹

之慾但問肥甘與否夫食非求膎飫以爲樂也不得已而後食亦唯供其所需而

已矣既名嗜慾則其爲不正可知飲食以饞吻爲去取尤爲不可也某名醫曰疾病

由飲食而生亦可由飲食而治雖言大而近於夸然亦未嘗無理也今人體魄皆

古人逾弱者其主因由食物養生之日惡也變荒種族一與文明人相往來漸失

其魁梧碩大之舊觀亦由飲食遷異是又人所能言者食物既能生人又能殺人

然則吾人飲食究以何物爲宜斯固不可不詳審愼亦本書所論之旨也吾人所

宜食者不外蔬果穀類等物其所不宜食者則肉與草是也凡動物骨骼及其齒

胃咸能就其所食之物而示其構造故以骨骼示解剖學者彼立辨其爲何動物

與食何種物而生言之無誤人齒不適於草食前既述之今更證其不宜於肉食

之理以破一世疑惑人齒構造與猿類同其他所謂肉食動物之齒既尖且銳人

與猿皆無之彼尖銳之齒乃以撕裂肉中之纖維而生又保其無齲齬之患故駢

列之間恆有空隙使肉之纖維不致罣絡而虞其腐壞若人齒則迥然不同其舌

第五章　人食物耶物殺人耶

且甚柔滑手則無爪足亦非蹄胃之構造亦但適於果蔬穀類而已由此數者而

觀人固非肉食者也即所言動物有肉食草食之別亦假之詞耳蓋動物初無肉

食特爲外緣所逼於是某種動物或爲肉食有謂動物本皆肉食者非也使其說

爲信則多數動物必有舉類而盡滅者矣或又疑動物之肉食者不能躐變而爲

芻豢但犬若貓雖半月可易之矣更觀夫獵犬逐獸乃不自嘗其吻凡此皆可爲

動物原非肉食之證抑吾人所以肉食者亦不外攝取肉中之植物性而植物性

即陽光精力所凝結也所謂營養分者亦即此物大凡食物殆有之試爲之牽假

如肉一方含有五九二之營養分則芋有其四三五牛乳有其三四七玉蜀黍有

其一六四八米則有一五九六豌豆有其一五二五麵包有其一〇八三果實所

含由一〇六二以至於三二六五由此言之肉之營養分固比他種食物爲少況

復消化難渣滓多毒物之浸入亦易耶夫灰燼重則害火力肉食既多渣滓且易

腐壞人之精力亦因之不能暢適活動甚至日即於衰弱焉凡畜類當勞瘁死亡

之際肉中生一種疲毒（按疲毒殆所謂開那托克辛 Kenotoxine 也）食之必貽

人以大患而此種疲毒於通常食肉中皆含有多少卽使殺一碩大無病之牲然

將死未死間其心臟肺臟之動作雖止而體內各細胞恆有數時生活故其物雖

死所謂疲毒卽於此時而生爲害一也顧世人每喜肉食推言其故殊鄙陋可笑

大抵食牛者欲壯碩如牛耳野蠻酋長慕敵酋之奇偉遂殺而食之斯亦肉食之

濫觴者歟總之肉食一事誠無益而有損肉食者鄙古今中外咸無言古有曰

者談言微中然恆審問其人所食則亦慧心人也近世宗教家與敎育家神頹

顧一面使人肉食一面說道德講倫理自命救世度人非自以其矛而陷其盾邪

世道日衰民德日喪學校敎會不能救之儒生神父訓令敕詔不能挽之其亦着

手於庖廚鼎俎之間而已矣胃腸內之肉汁及肉之腐壞物質不具白血球且能

敗血中之阿爾加里性白血球與阿爾加里性有殺菌之本能今既無此則人體

內乃無防毒之具是亦肉食不宜之據也如白開德氏所言倫敦市之民之死亡

率視村舍之死亡率滋多以市人肉食多於村舍也人與動物其形體構造或有
相似之點故人之病能傳染於動物動物之病尤能傳染於人如肺病繼蟲等蓋
傳染病之至重者世人固知繼蟲自豕肉而來實則出自牛肉者不少據美國統
計人病繼蟲其生於牛肉者恆居十分之九而牛之病肺者復盛故肺病亦多從
牛肉而生但觀美國所驗之牛罹肺病者某地占百分之六某地占百分之二十
五以致百分之五十焉虎列拉中有曰豚虎列那者明其出於豚肉矣在美國每
年受虎列拉之嫌不許屠殺者平均有三千頭聞之檢察醫官曰果嚴覈查驗之
市民欲得無病無害之牛豕等肉每斤非二金以上不能致其二金以下所得者
類皆受病然則肉之代價視病之輕重高低吾人何苦樂於嘗試耶近世牙醫士
日見其多良由肉食盛而齒易壞也肉之纖維留塞齒縫腐敗後則為齒害若腐
敗於胃腸中與血液和是否即生各種疾病邪罐製之肉食尤惡啟蓋數小時輒
壞其成毒至易食之甚至殺人而其毒乃無臭味使人無從預防欲免其害唯有

不食一法每值大戰爭起則罐製肉之害多一證據而於馬尼拉一役數分鐘之

頃斃軍士三千人尤彰明較著者也英國之痛風症向謂其來自酒毒今則明其

生於肉矣著名之卑克博士嘗謂腎臟炎由飲茶食肉而起又帕奴爾及魯克斯

兩博士近云瘰腫症之原因實由於豚肉以肉食能使人體反抗癌腫之力日弱

也若將肉飼貓嘗易罹癲癇而卑克氏更云人患癲癇亦由於肉人體中尿酸增

多將令向腦循環之血遲鈍癲癇者亦由是而起人果能屏去茶肉二事則尿酸

可除而癲癇可治如上所言則肉之不適於人體組織機關可知不特無養生價

值徒爲致病之源耳夫萬物同原有生無生是一非二然明於哲理者雖妄生

分別難與言此彼固不能視木石同於生物亦不忍視生物同於木石則惻隱

之念生矣牛羊犬豕以媚眼乞憐於人不能謂其無感情也其喜樂悲苦亦同於

人誠不當任意斬斫視同無生之物吾人談美人解放黑奴歷史未嘗不拍案稱

快奈何復倡弱肉強食之說不以惻隱憐彼觳觫毋乃不能擴而充之歟昔美國

二七

某報載黑木大將嘗莅芝加哥屠牛塲不覺掩面而出夫以殺人爲能事之大將。

尚不忍視其慘痛何如然而此等屠塲遍於通邑大都矣世有號稱仁人義士如

宗敎家及改良社會之輩乃不見其呼號以出此無辜且不見其掩面而不忍視。

何也復有刑事政策家其志謂預防人民犯罪爲之善擇職業設感化院凡所以

爲犯罪之動機務爲防遏此等殘忍屠殺能使世道人心日趨險

惡曾無有道及之者抑亦惑矣當主人偕牛馬並耕時主人賴牛馬之助田事既

畢以手撫之彼亦舉其媚眼以報主人重愛物我之情至爲和樂未幾凶日一至

主人立變其猛酷之貌收其素所相依者斧碎其首於是空中聞哀怨之聲地上

灑無辜之血殊可悼歎不侫嘗往觀芝加哥屠塲不侫非軍士不習殺人於其境

狀滋不忍視又非文家不能曲繪所見然猶彷彿記憶長覺宏敞建築及貴重器

械環立無數就死之輩淒愴凝睇彼操刀者躊躇四顧神氣極爲獰惡裂胸斷服

哀啼滿耳是日也所殺不下十五萬頭聞去歲在此屠殺之牛約五百萬頭豕則

二八

一千萬頭據學者計算流出之血能浮五巨舶云嗟夫、演此罪惡慘劇所流之血

果無復仇於吾人之一日乎曰有之今之肉食而受毒者是矣。

第六章　牛乳與鷄卵及其他之害生物

前章所述近似道德論然證諸生理上未嘗認也佛教之禁止肉食豈無故哉彼

肉食之宗教家鴟目豺聲直僞善而已肉食既非所宜而牛乳亦不爲益蓋動物

之乳但適於其所生及其同類若異類本無消化此物之胃力故不可飲人本單

胃與牛之爲多胃者大異人既不宜於鷄食則鷄食之乳亦不適於人人之所生

宜飲人乳（尤宜自乳其兒設母體缺乏乳汁或有病不得已而使其兒食他人

之乳然僱乳娘亦須審愼擇其身體强建而無隱疾性情端正而無惡德者）近

世學者見以牛乳養育小兒之死亡率其數倍多已大驚異假令所育小兒不死

然於統計及實驗上之表現此等兒童體魄極弱其智慧道德各點於先天的比

較人乳所育者瞠乎不及是不可不注意以研究之也據德國醫界報告就收入

於感化院之頑童五千餘人中、其以牛乳育者居百分之八十二、又紐約市有梯巴氏者、於市中小學校落第學生二百人中、而研究之、其飲牛乳者僅占六十五名、觀此則牛乳所育者更就優等生四千人中、調查所得則百分之八十七、乃牛乳之適否可斷爲賢母者、毋使可愛之子飲牛之乳、而爲牛之子也、胃之消化力、雖同是人類亦因而異同是一人、亦因年代而異小兒之胃、適於消化乳糖故牛乳一物亦不爲大惡、然至九歲十歲時此力已減去一半、十五六之頃此力僅存三分之一、一屆丁年以往始全失矣、故人飲牛乳每作酸釀酵而成瓦斯職是之故也、膽汁病定期之頭痛病、及其他舌白等症皆從牛乳而來、且牛乳不獨自身爲患、猶能以牛之各種疾病傳之其人、如肺病、霍亂、台科奈德熱及支夫的里等、多爲牛乳所傳染、至於結核性的肺病、其起於牛乳者十常八九、以牛在動物之中、蓋至易受肺結核病者也、觀美國政府公佈平均一百頭中有三頭患此病者某鄉邑所畜受病、居其半數、又歐洲某都市亦報告該處之牛患病者過半、在今

日觀之勢必日熾由此遺傳波及欲求無病之牛將不可得而飲之廢止將有

日矣幸此傳染之病非不可預防果能以牧馬之法養之潔其栖止之地使行適

宜運動時時爲之洗刷取乳時尤須鄭重殺菌而飲之若求其萬全者要以不飲

爲佳又據美國衞生局報告謂牛乳縱如何瀘濾而乳中仍有肥料枯草細毛塵

士種種不能消化之小屑至其黴菌之多波士頓市中檢查一滴中已有六十萬

枚歐洲各大都市平均一兩中有二億五千以上其最多者有五十四億寧非可

懼邪雖其中不盡爲腸窒扶斯及虎列拉之菌然亦不可輕忽以其能使胃中食

物腐敗當同化時每起頭痛等病且使食物之營養分銳減牛乳之無益而有害

者如是則他乾酪等物可決其非佳品矣然則卵之爲物何如蔬食者流有以爲

卵固動物性之物一旦腐敗不能自殼外測之遂曰卵不宜食是亦過情之論吾

人所以不肉食者非徒以其爲動物性中之不適於食者耳

若以卵爲動物性且不適於食殊亦武斷卵之營養分類似胡桃其未孵化之前

第六章　牛乳與鷄卵及其他之害生物

三一

無通常動物性所具之尿酸等毒其中卵白約一安士卵黃則一安士有半十枚
之卵其營養分可敵一斤之肉就卵白而論水居七分之六其一為蛋白質黃則
六分之一為蛋白三分之一為脂肪二分之一為水分其他各種之卵或含鐵質
及石灰等分要之十五枚中已備吾人一日應需之蛋白九枚之中已備一日所
需之脂肪故以十二枚之卵與麵包一方足為大人一日食料然卵之為益在新
鮮之時始著若既壞者至不宜食又煮之半熟消化最易過熟則為害矣然以其
蛋白質過多故不可多食非若脂肪澱粉多則存貯體中原無大患蛋白過多能
亂血液疾病將由是而生焉總以上所言人苟食其所不宜食之物不特無益且
足為害至其所宜食者不外植物性之食物無論東洋西洋皆當食之顧世人醉
心於皙種習尚甘受肉食之毒良可慨也近世主要食品咸推麵包然僅食麵包
不足以養生宜兼食富於蛋白質者若胡桃雞子誠不可闕此外更須糖分及脂
肪質者當向果實求之凡此皆吾人天然食品又何須取彼穢濁之物哉此外復

有一切飲料及嗜好品夫既名嗜好則其無食物價值可知酒與煙草茶與咖啡

類皆有害而無益於酒之害於衛生在今日可毋俟喋喋使人神志昏憒性氣易

狂身體日弱皆酒之所致以言其害何可勝道若利則不能舉其一矣顧茗芋之

罌猶怒目而爭曰飲不過量亦殊有益吾不審其據也彼以刺戟愉快為利不

知樂之所在卽禍之所生猶以雅片治病不虞轉病於鴉片也當其酒氣拂拂遏

暇停杯卻顧或心知其意終不敵拍浮之樂於是酣沈而不可藥矣茶之害不下

於酒然日常所用人每忽之茶與咖啡所含毒質居百分之三至百分之六世有

不可名狀之病終日昏昏似因勞動或氣候所致實則茶之為患耳好飲茶者每

見神經衰弱顏色慘白足證其為毒且茶酒二物若嗜之成癖偶不痛飲輒有所不

安茶之為物哥富芬(Coffein)而外更含單寧酸及其他數種毒質足為神經統

系及消化器作用之大患據黐氏所發明一盞茶中之哥富芬能令胃中酸分全

失其效又羅巴特氏之實驗謂茶能防止唾液消化澱粉之作用德國一生理學

者嘗證明連日飲茶之人其消化力減去三分之一又謂單寧酸不特妨害澱粉
消化於蛋白質之消化亦有障礙欲免各弊先宜去水厄云

第七章　吾人所以主張素食

吾人主張素食匪特可以養生抑謂非素食不能養生也所謂素食自非糠粃草
具之謂其鮮潔甘芳有足樂者焉近學者之論食物養生約分三派其一爲普通
所行者主營養分說所食惟營養是求如蛋白澱粉脂肪等事而尤以蛋白爲重
次爲意大利學派主鹽分說蓋本於化學見解之說也此說謂人體憑鹽分作用
然後能活鹽分調和得宜自無疾病否則一部分調和不適旣呈異狀而疾病
遂生若蔬食素食至爲合理以其能調鹽分而使之和也顧此說所謂鹽分非指
食鹽而言意謂如加里、蘇達各種之礦物鹽耳第三、則主百布聖說百布聖之用
或造營養分或增加其營養過多者亦能減之故食物不可不擇其含有
百布聖與夫能造成百布聖者也此三說皆趨於極端三者之中儻固執一說不

顧其他亦未免大愚吾人所食務取營養充分且含有鹽分及能造百布聖者斯
爲佳矣食物既備此三事然使其一日易地則物性質變一日易人則人之消化
及其所需者變是二者猶須注意酌量如獸類之與人類其體肉構造既異則其
所宜取者隨之而異同爲人類而西洋人與東洋人其體質既異則食物亦隨之
而異至若小兒之與成人壯者之與病夫則又從其身體狀態而爲之分別矣漫
不加察徒以調和鹽分之必要雖遇病夫仍守其化學見解與以不能消化之物
不已顧乎如以爲所食必求消化之物（即營養分說）雖屬壯者乃務去其成精
力與骨骼之鑛物質亦未足爲通論也由是而言吾人素食養生之說於成人壯
者小兒病夫之間不無分別惟本書就普通康健之人而論彼小兒病夫養生法
姑俟異日言之雖然既能一定普通養生之法則其他一切自不難以常識習慣
求之思過半矣人生所食各以地異西洋所重者爲肉東洋所重者爲穀吾國本
以農立國其土地氣候尤宜稼穡粒我烝民垂數千禩矣至近日始有以麵包代

米麪包有米糠之質料故人齒及骨所須鑛物質亦復多有且能刺戟腸胃使其消化作用愈形活潑固食物中之妙品也或以爲米如長食能致脚氣之患是不無過慮然毋過於精鑒以去其外皮其能餐彼粗糲者愈佳尤須知米經多爲補助彼無知米買務眩粲潔至混沙入米而舂之是亦一大罪過須知米經多鑒能使其三分一之蛋白與二分一之脂肪隨糠糲而去矣有作胸骨神經及筋肉之特效豆類亦各有其功而通同功效要以多食蛋白質也豆醬與豆腐醬油可代卵而用抑其效且視卵爲勝�論牛乳牛肉一升之豆其營養分已敵肉一斤其他養營分爲牛所無者豆乃具備其皮殼爲健胃之物益人精力豆腐之養分固多其未下苦鹽凝固者曰漿以代牛乳尤有奇效豆漿一合含蛋十八分脂肪十八分含水炭素二十五分鹽分七分而適於人體中最貴之蛋白乃較牛乳多二倍有半脂肪與含水炭素多一倍有半是則飲豆漿一合已是當牛乳二合牛矣且豆漿之蛋白較牛乳者易於消化吸收有病無病皆宜常用此物雖窮

山僻壤不難致之其値廉其製易以大豆一合入水四倍浸十五小時取豆擂碎

扮水煮之至沸以葛布瀝之可得豆漿一合五勺下單舍利別少許分二次飲之

冬日雖朝夕可用惟夏日每易敗壞須隨飲隨製其濃淡多寡任意爲之然以其

脂肪較多於牛乳下痢亦易常飲則取其稍薄者自然無妨醃漬之物有堅固筋

骨之功然胃弱者不宜多食尤以肉類爲忌此外如胡椒芥子及薑桂等物徒載

刺味覺無他效用却爲腦與胃腸之大患胡桃類、論其性質分皆置首要其特

質全爲脂肪蛋白之固體而脂肪之爲質復純食後立行溶解而爲同化作用既

入胃中雖遇酸液猶不虞其凝結（動物性之脂肪不爾）卽其中之蛋白亦含有

脂肪爲果物不獨富有營養且具重要酸液及百布托辛其未熟者則有如蔬菜

之纖維多費消化之力爲益無多造其成熟儼然自行調製得宜水分旣甘糊質

亦變爲果糖一若旣經消化者矣飲果汁如飲瓊漿使人元氣頓王以其咽後便

卽消化並能助他種食物消化且有殺菌之功故美國加富爾柯爾尼亞等州盛

第七章　吾人所以主張素食

三七

素食養生論

45

行果物療治一法尋常熱病及胃腸等疾皆可治之胃健人食果不妨幷食其皮。

胃弱者食之尤須細嚼然後飯時以其酸故將令唾液之用頓殺。（按酸物入口倍

覺饞涎此非酸能促唾液分泌實則唾液作用既為所防壓務求勝之不得不分

泌多量也）為消化礙故宜飯後始食茲將各種食物之營養分列成一表以資

採擇如左。

三八

物品	水分	蛋白	脂肪	含水炭素	纖維	灰分
糙米	一四・二〇	八・六〇	二・〇〇	七二・九〇	一・二〇	〇・五九
精米	一〇・六〇	五・八〇	〇・三〇	七二・五〇	〇・四七	〇・三三
粳米	一四・二〇	八・六〇	二・〇〇	七二・九〇	一・二〇	〇・九〇
糯米	一四・二〇	八・五〇	三・一〇	七二・一〇	一・〇〇	一・九〇

糠	大麥	小麥	玉蜀黍	黍	粟	稗	蜀黍	蕎麥	蕎麥粉
一三・〇〇	一四・二〇	一三・六〇	一三・三五	一三・六〇	一三・三四	一三・〇〇	一二・四六	一四・〇〇	一二・九〇
一七・二五	一〇・〇〇	一三・三五	九・四五	一〇・三七	一一・五七	一一・七八	八・九六	九・〇〇	一三・一二
一八・〇一	二・五〇	一・八四	四・二五	三・六〇	五・五五	一二・〇三	三・九七	一・五〇	二・七二
二九・一九	六三・五〇	六九・八四	六九・三三	六九・七〇	六五・三四	五三・〇九	七〇・二五	五八・七〇	六九・六六
一〇・二三	七・一〇	二・八五	二・二九	〇・九一	一・六五	一四・七五	三・五九	一五・〇〇	一・一六
一二・二三	一二・二〇	一・五四	一・二九	一・八〇	二・五五	四・五五	一・九五	一・八〇	一・四三

三九

素麵	白大豆	青大豆	甜醬	鹹醬	醬油	豆腐	豆腐皮	豆腐滓	豌豆
一四・〇五			五一・五〇	四八・五四	六六・三九	八八・七九	二・八五	八五・六六	一三・九二
一一・二五	三六・七一	四二・八五	一〇・七一	一五・四二	八・七一	六・五五	五一・六〇	三・六六	二三・一五
〇・八八	一七・四三	一三・五八	六・〇四	五・九四	一・七五	二・九五	一五・六二	〇・八四	一・八九
六七・四七	二四・九二	二三・六八	一九・一五	一一・三六	三・八〇	一・〇五	六・六五	六・三五	五二・六八
......	二・四七	二〇・九一	四・五〇	四・七二	......	〇・〇二	〇・五四	二・九〇	五・六八
六・五一	五・〇〇	四・七〇	八・一〇	一四・〇二	一九・四五	〇・六四	二・八四	〇・五九	二・六六

馬鈴薯	紅甘藷	白甘藷	人蔘	蕪菁	萊菔	炒落花生	落花生	赤小豆	醬豆
七五·〇〇	七五·二四	六七·二八	八九·一三	九一·〇〇	九四·五五	......	七·五〇	一三·二〇	一五·六七
二·一〇	〇·九三	一·三五	一·六二	一·六二	〇·七三	二七·五三	二四·五〇	一八·三四	二六·八八
〇·一〇	〇·二六	〇·一九	〇·三五	〇·〇七	〇·〇一	三五·二一	五〇·五〇	一·四三	一·二九
二〇·七〇	二〇·九五	二六·七七	七·四一	二·八三	三·七〇	......	一一·七〇	五九·五六	四九·七四
一·一〇	一·三三	二·四八	一·一〇	〇·七一	〇·五三	三三·九六	四·〇〇	六·〇六	一·三三
〇·九〇	一·三五	〇·九三	〇·七七	〇·七六	〇·四九	二·八〇	一·八〇	二·六〇	三·二一

芋	藕	百合	茨菰	牛蒡	蒟蒻	獨活	葱	球葱	筍
八五·二○	八五·八四	六九·六三	六九·二六	七二·九三	九一·七六	九五·一○	九二·六三	八五·九九	九一·七九
一·四○	一·○九	五·三四	四·二七	三·二○	一·○○	一·○六	一·四七	一·六八	二·五九
0·六八	0·二○	0·二一	0·二○	0·一三	0·一九	0·一○	0·○七	0·一○	0·一一
一一·七○	一一·二四	二四·一五	二五·三六	二○·六一	六·四三	二·四七	四·三三	八·○四	三·二二
0·六三	一·○二	一·二二	0·四五	一·九四	0·三五	0·七○	一·○六	0·七一	一·一○
0·九九	0·七一	一·三五	一·四四	0·八二	0·三五	0·五七	0·五○	0·七○	一·一○

圖二

孟宗筍	九〇·二一	三·二六	〇·二三	四·四七	〇·九〇	一·〇一
白胡麻	六·九三	二〇·五四	五一·五七	二二·六〇	......	八·三六
黑胡麻	六·六五	一九·六五	四四·一五	一九·四三	一〇·二五	一〇·二二
蕨	九一·一八	二·八三	〇·一三	一·四二	三·二七	一·一六
薇	六·三〇	二〇·二六	〇·四九	四一·二六	二〇·二五	一〇·七四
西瓜	九四·六六	〇·一六	......	四·七七	〇·一〇	〇·二一
甜瓜	九二·四〇	一·一五	〇·四八	四·一〇	一·二四	〇·五九
南瓜	九二·二四	〇·六五	〇·一三	六·〇八	二·一五	〇·七五
胡瓜	九六·六四	〇·八五	〇·〇八	一·六八	......	四·〇七
銀杏	五〇·〇〇	三·八七	二·一六	四一·五一	〇·二九	一·八五

又表

品物	林檎	梨	柿	桃
水分	八四・七九	八三・八〇	三二・四九	八〇・〇三
糖分	七・二三	八・二六	一・五〇	四・四二
蛋白	〇・二六	〇・二六	六五・二三	〇・六五
鹽分	〇・四九	〇・三二	……	〇・六九
不溶解物	一・五一	四・三〇	一・六七	六・〇六
礦物質	六・六三	三・七一	〇・一二	八・〇九

	茄子	粟	胡桃
水分	九四・〇〇	五七・八九	四・七四
糖分	一・〇〇	二・九〇	二六・四一
蛋白	〇・〇六	〇・二六	五九・六八
鹽分	三・二一	三六・四九	三・一九
不溶解物	一・四一	一・二三	一・五四
礦物質	〇・三八	一・二二	二・八八

四四

更將動物性之食物列其營養分爲一表以資參考如左

物品	水分	蛋白質	脂肪質	含水炭素	鹽類
牛肉	六八•一〇	一九•三〇	一六•四〇		一•一七
馬肉	七三•六二	二四•四九	〇•六七		二•六〇
豚肉	五五•三〇	一四•〇〇	二六•一〇		一•〇一
卵白	八五•五〇	一二•八七	〇•二五	〇•四八	一•〇一
卵黃	五一•〇三	一六•一二	三一•三九	〇•四八	一•〇一
鷄	七三•六七	一二•五五	三一•一二	〇•五五	〇•一三
鵝	七三•一六	二二•二四	〇•二三	〇•一九	一•一九
鴨	七〇•八二	二二•七五	二一•三	二•三三	一•〇九

素食養生論

	第一列	第二列	第三列	第四列
家鴨	弐六・0二	一五・九一	翌二・究	0・四四
鶏	弐三	一九・七二	一・四二	一・二七
鰹節	一四・二七	一五・六0	五・二一	五・0二
鮪	七二・一五	一五・七九	10・六四	一・八二
鯉	弐六・八六	一八・九四	0・八四	一・三七
鰻	七0・二五	二一・三九	六・七二	一・六四
鱧	六九・二四	一八・0九	一一・五三	一・二四
鮭	七二・0二	一六・八0	七・九0	0・九三
鹽鮭	六一・三六	一六・一0	三・一四	九・二0
鮎	七七・九0	一七・六六	一・八九	一・五五

更就意大利派之鹽分觀詳列一表如左。

鹽食肴君人所以主張素食

	牡蠣	鮫	鱸	鱔	人乳	牛乳	煉乳
	八九・八八	七三・五九	七七・七0	三六・八六	八四・七三	八六・三二	二五・六七
	八・五二	二四・八七	一八・六二	九二・五三	一・五三	三・六0	一三・三二
	0・八九	0・五0	二・五九	一・六八	二・九七	四・五六	一0・九五
		一・0九	一・0九	五・三五	澱粉七・六一	四・七三	四八・六0
	0・七七	一・0七			0・一六	0・七二	二・三四

腸　品加　里蘇　達

四七

朔	精米	大麥	小麥	大豆	豌豆	糙米	粟	糯米	胡麻
○•一六	○•二一	○•五六	○•三一	一•二六	一•○七	○•二○	○•二三	一•一五	○•六二
○•一二	○•一一	○•○六	○•○三	○•○三	○•二三	○•○四	○•○四	○•○三	○•○三

胡瓜	人蔘	茄子	甘諸	牛蒡	馬鈴薯	梨	林檎	素 小豆	粟 小麥
〇•七三	一•四三	一•九〇	〇•三五	一•四三	一•二一	〇•二〇	〇•五六	一•一五	〇•三一
〇•一九	〇•三五	〇•四〇	〇•一四	〇•一二	〇•一五	〇•一三	〇•一四	〇•〇七	〇•〇九

萊菔	葡萄	牛乳	牛肉
○‧五一	○‧五○	○‧一七	○‧五一
○‧一五	○‧一五	○‧○四	○‧一五

第八章　餘論

素食養生猶不可忽者曰烹調法食品中雖有極好之營養分苟烹調不得其宜亦不宜食然詳論此事究非此書本旨今擇要言之改革庖廚其第一急務也凡油醋葷辛沙糖等物首宜屏斥勿用動物之油自不可用即其他油類非自然脂肪者亦當禁絕蓋在胃中不與食物混和直浮游於食物之上膠膩胃壁致胃液不能暢行分泌其在口內且妨唾液與澱粉溶化使難消化也據法醫士某發見謂醋之害及肝臟視阿爾哥保兒(Alcohol)尤甚又英人魯巴芝敎授試驗所知

以一匙之醋能將變化一次食爲糖分之唾液敗之有餘且醋時含鹽酸一觸及

齒與其他組織立爲大患胡椒薑桂及五葷等類略無營養但令食物失其風味

於味官胃腸受一種難堪之刺戟欲憑此促進食慾直召病之惡劇耳食此每令

肝藏脾藏激動成慢性便秘爲膽石病痔瘡病之緣起沙糖在腸中略受消化然

由口及胃皆無所用之多食適成瓦斯作酸至起腸痛於同化作用不利如尿崩

等症多由此生沙糖之爲物乃取於植物根莖以成於牛胃特爲適合（所謂沙

糖非乳糖果糖飴糖蜜之類）以上四物在烹調中原無必要彼村農之家有終

歲不用沙糖等物其肴饌但以鹽調之蓋風味自在矧吾國所製醬油鹽豉精美

甲於世界是豈不足爲用耶凡食最忌急遽有未嘗其味早已下咽者其胃必病

食馬者恆雜小石投食料中使其自行揀除無暇驟咽爲法誠善人亦宜體其意

多事咀嚼美國人性急食物不能耐久食物咸取柔軟尤好啜汁故美人多病胃

弱齒亦不固英人嘗名胃病爲阿美利加病又美國牙醫獲利恆比他國爲多吾

人蹈此病者宜從速改之麵食本易消化然世皆以為難者無他啜汁者眾耳食物多水漿者不能促進唾液分泌顧世人已成積習一若非水漿不能入口將奈之何或問一日食量應需若干此則宜視其人之體質事業與夫氣候而定今表其普通平均數如左

第一類	蛋白質 九五•七	脂肪質 二八•〇	澱粉質 四五四•三
第二類	蛋白質 一〇一•〇	脂肪質 二九•〇	澱粉質 四四六•六
第三類	蛋白質 一〇一•五	脂肪質 一九•四	澱粉質 四三四•七

右表所舉乃食物之質量（以克蘭姆為單位）而非其體量其含水分等物不計食物過多則胃勞而起擴張之病過少則略無激動而胃力日以緩弱故宜適可乃止且年有長幼之分體有強弱之異此中須參酌體重二百磅者其視一百

磅者不能倍其食量蓋食物所以生熱而體熱多從皮膚發散皮膚之面積若較

廣大則生熱之地多而食物亦較需多量皮膚面積之比例就一百磅人而計每

磅占十九平方英寸以二百磅人計之則每磅占面積僅十五平方英寸凡人取

食以其四分之三爲生熱之用故二百磅與一百磅人應食之比例當爲二與三

之比準是則二十磅重之小兒一磅有二十五平方英寸之面積與一百六十磅

之成人相較其重僅八分之一故食物當取四分之一也男子較女子多食者亦

因生熱不同如出外操作之男子以所食四分之一用之作事其四分之三以爲

生熱女子逸居以所食十分之一用之作事其十分之九以爲生熱以數表之男

子生熱爲一○五○○女子則八五○○以食物換算每日所食爲二兩之脂肪

四兩之澱粉是故女子與男子同其食量其每日贏四兩之澱粉卽以之生肉男

子與女子同其食量每日旣欠四兩之澱粉必形消瘦矣前述蛋白質卽成形質

亦名含窒素物乃所以組織形體者其他食質有不足時亦不爲之彌補惟澱粉

第八章　餘論

脂肪糖分皆燃燒質亦名無窒素物其材用有類乎薪一方過多足以補他方之不逮然各種食物無有能全備此三事及水鹽分者故必須自計其調劑之數今以日人山崎今朝爾所示每日所需之蛋白質欲由一物而得之其物須食若干列表如下。

物品	所需	物品	所需
豌豆	一斤有奇	雞卵	十八枚
小麥粉	一斤半	米	一升三合
牛乳	一升五合	芋	十五斤
菜類	十五斤	萊菔	十七斤
豆	十一安士一	胡桃	十六安士二

次就一物中取一日所需燃燒質其數如下。

物品所需		物品所需	
疏豆	二斤	卵	四十三枚
芋	六斤	乳	二升五合
菜類	十八斤	菜蔴	五十斤

落花生	十一安士六	麭包	三十四安士四
南瓜	二百七十二安士	林檎	七百五十夂
桃	四百二十夂	菌類	二百七十二夂
葡萄	五百夂	豆腐	十四安士

五五

米	六合	小麥	一斤半

人體蛋白質不足則腦血、神經、筋肉、頓形缺乏然過多亦有大害是不可不知也

若澱粉脂肪過多輒存體中以爲他日彌補之用原不爲患若蛋白質殊不然矣

一旦過多即成酸素缺乏之謂食物全部不能消化或半經消化滯留體中於是

尿酸亦不能成爲尿素以向膀胱排出此尿酸之害能減殺血中之亞爾加里性

使其失防拒疾病之作用又衝動神經組織惹起僂痲質斯及神經痛等症食肉

食卵者恆患此等病皆因蛋白逾量致釀尿酸之害欲知此種爲患之尿酸於食

物一斤之中有若干克蘭姆存在特表之於下

物品	量	數	物品	量	數
鮭		八・五	豚		八・一四

右表唯茶與咖啡所食之量乃就一品脫中計之。脂肪質為精力之源。計日所需如僅向一物求之。其數如下。

品名	牛肉	米	豆	卵	咖啡
	一四•四五	○•○○	四•一七	○•○○	四•五三
代品	麪包	豌豆	芋	牛乳	茶
	○•○○	二•五四	○•一四	○•○○	三•二二

物品所需	物品	所需	物品	所需
	胡桃	二•二	豌豆	七八•九
	黑	二七•七(安士)	落花生	三八•八(安士)

五七

豆	五〇〇	蠶豆	七八‧九
小麥粉	一三六‧三	蜀黍粉	三九‧四
米	一六六‧六	芋	七五‧〇
卵	一四‧三	牛乳	三七‧四

食物忌和以水漿而冷尤忌（凡冷物不可食我國戒食生冷此意獨善）以其不及咀嚼順流而下實妨消化之力普門德博士嘗就馬丁氏之胃施其實驗以冷水一杯飲之彼胃中食物驟降七十五度經一時三十分後始漸復元是則消化作用已停却一時三十分矣水之含礦質者雖與蔬菜同功略能刺戟胃腸使之活動然常飲則必為害彼酸性過多之胃病亦固多飲石灰性及亞爾加里性之礦水所致而亞爾加里性之胃腸病其起於多飲礦水更無疑矣有問每日飲食究以幾次為宜者此當察食物消化幾何時自不難定大抵在養生使食物完

66

全消化至少須五六小時而就食之前更當以一二小時休養胃力故兩膳之間

宜距七八小時爲佳未過此時而復進食則前次食物尚留於胃方以水分及熱

在消化中此際突來新進重行發酵作用將害及全體營養分又因作酸之故使

胃受一種慢性之病而胃中作酸物與胃液混居過久胃中加答兒於是平起且

日常飲膳尤當視其人職業及食量而定如敎員學生律師僧侶等輩身體之勞

動既少則以晨早八時午後三時爲最合昔日希臘人及希伯來路芝人皆日再

舉火至今仍爲兩餐若夫三餐四餐直文明之餘弊務充其口腹之慾而已夫

睡眠爲最要事欲安睡而無擾須令睡中之胃早屬休息不然胃而動作而求酬

醇猶熾炭而燼熄也要之食物消化非八小時不可故晚飯總以不過午後三

時爲佳若晨起之際胃力方蘇食慾未進故早膳前宜略行運動美國米西干省

之巴克特爾達里奇醫院凡病者及看護執事等兼皆實行此法彼輩嘗言兩膳

之與三餐其病勢勞力乃大差別而兩膳尤覺適合云健飯之夫從事勞力者未

當不可三次進食然究爲例外矣又消夜讌飲之風近世益盛其爲患益烈入夜
之胃方事休養胃液之力弗强其分泌亦復無多而肝膽腸臟皆停止動作驟然。
飽食將患不眠之症及神經衰弱胃弱等病而兩膳之外無定時而食者謂之間
食吾人犯此最多客至恆設茶食情意固殷第不免爲客累矣此種惡癖童而習
之使父兄能盡其督責厲身不受胃病然而快一時之果腹貽禍於無窮者正
不獨童稚爲然耳每見奔忙之人多染胃病則食不暇嚼亦其食無定時也嗟夫
飲食所以養生乃勤輒幡然戕賊可不愼哉復有褊褓小兒呱呱不已慈以爲須
乳立攜諸懷卽此巳成習慣異日恆以小兒之多病積滯歸之天性實則一切飲
食於不知不覺間早釀成其病矣每歲嬰兒死亡過半職是之故飲食之無定時
者於便秘亦有關係蓋消化機之動作本有順序若飲食有恆則夜來休息之腸
臟知早飯將至蠕蠕動以結腸下部渣滓搰之使下其在上部者續續下降早
飯後遂行排洩此其普通者也或就食未幾又以物進於是順序的動作不能繼

六〇

續而便秘之患乃生更進言之與其多食一次無寧缺少一餐尋常食物之消化

經二三小時後水鹽乃不復出水鹽素為消化不可缺之物然苟不以一定時

間與胃休息則難望其分泌縱屢入多量食物固無消化之效徒勞苦其胃至於

少食一次不過營養分略減而胃力且得藉此以有餘閒焉或以疲勞疾病之故

影響及胃則胃液之分泌少胃襞之收縮不健此時不宜躁食宜進以粉糊俾易

吸收筋既得肝糖元氣略旺始飲以米粥果漿及飴糖等類弗宜運動以運動多

需血力而胃中待以消化之血力將為運動所取去也某名醫以其所畜二犬施

其實驗而報告於來日吾於二犬中使其一飽食後追逐免歷數小時剖解驗

之該犬胃中食物一若初下咽者其一食之如前但使其居於戶外剖解之時既

同而胃中食物早經消化矣又食物之配合佐使一事頗為重要不可專食一物

宜取更換以調劑之以食品過簡則食慾不熾且其含有營養不多恐不應身體

之需求也然過於溷雜亦不為益夫肉食肉獸之胃所食也魚具七種消化力之

鯨鯢所食也山肴野蔌有四種特別消化力之牛羊所食也草實木實猿猴類之

胃宜之而人以單純之胃於一飯兩膳之間食此十三種胃力所食之物其結果

可知已慾罄既盈其患愈張果何樂而爲是耶就前表所列之物每食不過四簋

勿冷勿熱務得其和夫亦善矣本書已屆結論猶須略就飲料言之就食之際固

宜屏去水漿惟就食之外飲料誠不可缺蓋食而不飲不能洗滌消化器使之潔

淨口燥唇乾自應飲水然數數舉杯皆因習慣所致雖在需求之時反有不欲飲

者矣若飲之過多則胃有擴張之虞血液亦將淡薄其飲冷水者須在口內含暖

始行咽下疲勞之際飲如長恆鯨有因此遽殞其生者不可不愼吾人常謂食前

飲水爲無害庸詎知其不然微獨食前爲患卽平時過量而飲亦必致胃加笞兒

及水腫等病且胃中粘液爲之滌蕩矣雖然水亦有時可以愈疾如酸性過

多之胃病於就食半小時前宜飲半杯熱水其酸性過小之胃病則以冷水爲佳

又凡病熱每小時須以一杯或半杯之水飲之便廉窒斯病無論渴燥與否須水

六合以至一升云有入果汁於水而入飲者殊亦新好惟略投以砂糖便失其效

西瓜誠妙物也或以爲不易消化且慮下痢此特未熟與過熟者爲然其熟且鮮

者咀嚼成漿至適於胃第一安全無病者爲蒸溜之水山泉微嫌過冽亦以新潔

爲要濾過之水固佳但有時因器具不潔反貽巨禍此外類皆汚濁非沸至十五

分鐘不可飲凡虎列拉窒扶斯及厲利亞諸病多由飲水所致夏日尤當注意宜

飲沸水及果子汁市上售冰大抵由汚濁川河之水成之造旣溶解水中微生物

復活其害至烈雖涓滴勿以沾脣可也

民國十年十二月印刷
民國十一年十二月發行
民國十九年九月六版

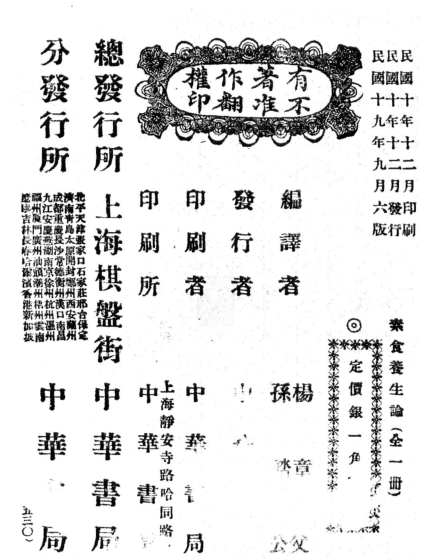

有著作權　不准翻印

素食養生論（全一冊）

定價銀一角

編譯者　楊章父

發行者　孫冰文

印刷者　中華書局
　　　　上海靜安寺路哈同路

印刷所　中華書局

總發行所　上海棋盤街　中華書局

分發行所
北平天津瀛家口石家莊邢台保定
濟南青島太原開封鄭州西安蘭州
成都重慶長沙常德衡州漢口南昌
九江安慶燕湖南京徐州杭州溫州
福州廈門廣州汕頭潮州梯州雲南
惠州贛州吉林長春哈爾濱香港新加坡
中華書局

（五三〇）

書名：《壽康素食譜》《素食養生論》合刊
系列：心一堂‧飲食文化經典文庫
原著：【民國】默雷居士 【民國】楊章父、孫鷁志編譯
主編‧責任編輯：陳劍聰

出版：心一堂有限公司
通訊地址：香港九龍旺角彌敦道六一〇號荷李活商業中心十八樓〇五—〇六室
深港讀者服務中心：中國深圳市羅湖區立新路六號羅湖商業大廈負一層〇〇八室
電話號碼：(852) 67150840
網址：publish.sunyata.cc
淘宝店地址：https://shop210782774.taobao.com
微店地址：　https://weidian.com/s/1212826297
臉書：　　　https://www.facebook.com/sunyatabook
讀者論壇：　http://bbs.sunyata.cc

香港發行：香港聯合書刊物流有限公司
地址：香港新界大埔汀麗路36號中華商務印刷大廈3樓
電話號碼：(852) 2150-2100
傳真號碼：(852) 2407-3062
電郵：info@suplogistics.com.hk

台灣發行：秀威資訊科技股份有限公司
地址：台灣台北市內湖區瑞光路七十六巷六十五號一樓
電話號碼：+886-2-2796-3638
傳真號碼：+886-2-2796-1377
網絡書店：www.bodbooks.com.tw
心一堂台灣國家書店讀者服務中心：
地址：台灣台北市中山區松江路二〇九號1樓
電話號碼：+886-2-2518-0207
傳真號碼：+886-2-2518-0778
網址：http://www.govbooks.com.tw

中國大陸發行　零售：深圳心一堂文化傳播有限公司
深圳地址：深圳市羅湖區立新路六號羅湖商業大廈負一層008室
電話號碼：(86)0755-82224934

版次：二零一八年五月初版，平裝

心一堂微店二維碼　　心一堂淘寶店二維碼

定價：　港幣　　　八十八元正
　　　　新台幣　　三百五十元正

國際書號 ISBN 978-988-8316-14-4